地域づくりで
観・感・学・楽

株式会社 大成出版社

まえがき

「自分たちのまちを、自分たちができることから、自分たちの手で良くしていきたい」

各地の地域づくりの現場で、こんな言葉をよく耳にするようになりました。

地域に愛着を持つ人々が集まり、自立の精神と豊かな感性で「こうありたい」という"夢"を熱く語り合い、その実現に向けて力を合わせて創意工夫を続けていく。

「全総」(全国総合開発計画)から「国土形成計画」へと日本の国土計画のしくみが大きく変わり、地域の主体性がこれまで以上に重要となっている今日、さまざまな地域づくりの共通点として、おぼろげに浮かび上がってくるのは、こうした人々の姿です。

本書は、国土交通省中部地方整備局 東海幹線道路調査事務所が発行する道・地域づくり情報誌「プロジェクト・レポート」でこれまで紹介してきた各地の地域づくりの事例から、特に優れた取り組みを選び、掲載当時の情報をもとに最新状況を反映して再編集したものです。

本書が、地域づくりについての活発な話し合い(侃々諤々：かんかんがくがく)のきっかけとなり、地域の魅力を観て、感じて、学んで、楽しむというプロセスを通じて、地域づくりの輪が大きく広がることを期待して、タイトルを「地域づくりで　観・感・学・楽」としました。

地域づくりを実践している自治体や企業、NPOなどの方々にとって、さまざまな試行錯誤における問題解決のヒントとなり、また、これから地域づくりの担い手として活躍する学生の方々にとっては、第一歩を踏み出すきっかけとなることを願っています。

編集者一同

大きなキャンバスが並ぶアートペインティング（大阪府大阪市）

ライトアップされた河津桜（静岡県河津町）

大道芸ワールドカップ（静岡県静岡市）

ライトアップされて幻想的な氷点下の森（岐阜県高山市）

路面電車の軌道緑化（高知県高知市）

地球にやさしい自転車タクシー（京都府京都市）

軒先のへちまも見事な和ろうそくのお店（岐阜県飛騨市）

北海道の田園風景の中にまっすぐ伸びる道路（北海道）

利用者の多いスーパーが起終点となっているコミュニティバス（三重県四日市市）

防災子供サミットでの消火訓練（三重県鈴鹿市）

富士登山の古道修復には多くの留学生も参加（静岡県富士宮市）

自然に囲まれた開放的な舞台の上で演じられる大鹿歌舞伎（長野県大鹿村）

掲載地一覧

1. 活力があふれる　にぎわいの地域づくり
- 1-1　桜町本通りの街並み整備（愛知県豊田市）..............p2
- 1-2　まちづくり木曽福島（長野県木曽町）..................p4
- 1-3　長堀21世紀計画の会（大阪府大阪市）..................P6
- 1-4　花を活かしたまちづくり（静岡県河津町）..............p8
- 1-5　昭和の町づくり（大分県豊後高田市）.................p10
- 1-6　マイスター倶楽部とまちづくり工房大垣（岐阜県大垣市）.....p12
- 1-7　やきそばの町（静岡県富士宮市）.....................p14
- ●その他の事例..p16
  - 1-8　3セクが元気な地域づくり（岐阜県郡上市（旧明宝村））
  - 1-9　黄金崎クリスタルパーク（静岡県西伊豆町（旧賀茂村））
  - 1-10　登窯広場整備事業（愛知県常滑市）

2. 人が行き交う　観光・交流の地域づくり
- 2-1　明治百年通り構想（秋田県小坂町）...................p18
- 2-2　大地の芸術祭と里山回廊（新潟県越後妻有地域）.......p20
- 2-3　漁業を活かした離島観光（愛知県南知多町日間賀島）...p22
- 2-4　大道芸ワールドカップin静岡（静岡県静岡市）.........p24
- 2-5　美濃和紙あかりアート展（岐阜県美濃市）.............p26
- 2-6　おもしろ人立「めだかの学校」（静岡県浜松市（旧引佐町））p28
- 2-7　氷点下の森（岐阜県高山市（旧朝日村））.............p30
- ●その他の事例..p32
  - 2-8　上村上町活性化委員会（長野県飯田市（旧上村））
  - 2-9　本町オリベイベント（岐阜県多治見市）
  - 2-10　祭り街道の会（旧国道ネーミングの会）（長野県阿南町）

3. 環境と共生する　持続可能な地域づくり
- 3-1　渥美半島菜の花浪漫街道（愛知県田原市）.............p34
- 3-2　路面電車の軌道緑化（高知県高知市）.................p36
- 3-3　環境共生都市推進協会（京都府京都市）...............p38
- 3-4　グリーンライフ21プロジェクト（岐阜県東濃西部地域）..p40
- 3-5　スマートレイク（長野県諏訪圏域）...................p42
- 3-6　びわこ豊穣の郷（滋賀県守山市）.....................p44
- 3-7　穂の国森づくりの会（愛知県東三河地域）.............p46
- ●その他の事例..p48
  - 3-8　あかばね塾（愛知県田原市（旧赤羽根町））
  - 3-9　風車のあるまち（三重県津市（旧久居市））
  - 3-10　桶ヶ谷沼に学ぶ（静岡県磐田市）

4. 景観が美しい　うるおいある地域づくり
- 4-1　水郷のまちの風景計画（滋賀県近江八幡市）...........p50
- 4-2　匠のまちの景観整備（岐阜県飛騨市（旧古川町））.....p52
- 4-3　街並みづくり100年運動（山形県金山町）..............p54
- 4-4　シーニックバイウェイ北海道（北海道）...............p56
- 4-5　旧城下町のまちづくり（愛知県犬山市）...............p58
- 4-6　馬瀬川エコリバーシステム（岐阜県下呂市（旧馬瀬村））.p60
- 4-7　丸山千枚田の保護（三重県熊野市（旧紀和町））.......p62
- ●その他の事例..p64
  - 4-8　蔵造りを活かしたまちづくり（埼玉県川越市）
  - 4-9　ふるさと創生基金（旧ゆめさき基金）（三重県伊賀市（旧大山田村））
  - 4-10　開田高原の景観づくり（長野県木曽町（旧開田村））

5. 人にやさしい　安全・安心の地域づくり
- 5-1　生活バス四日市（三重県四日市市）...................p66
- 5-2　高齢者福祉のむらづくり（長野県泰阜村）.............p68
- 5-3　デマンド式ポニーカーシステム（岐阜県飛騨市（旧河合村・宮川村））p70
- 5-4　グループみんなの道（静岡県静岡市（旧清水市））.....p72
- 5-5　災害ボランティアネットワーク鈴鹿（三重県鈴鹿市）...p74
- 5-6　バリアフリーのまちづくり（岐阜県高山市）...........p76
- 5-7　鎌ヶ谷市交通事故半減プロジェクト（千葉県鎌ヶ谷市）.p78
- ●その他の事例..p80
  - 5-8　ふれあいバス運営協議会（愛知県豊田市）
  - 5-9　いなべ市農業公園（三重県いなべ市（旧藤原町））
  - 5-10　エコマネー「ZUKA」（兵庫県宝塚市）

6. 歴史文化を育む　ゆとりある地域づくり
- 6-1　石見銀山のまちづくり（島根県大田市）...............p82
- 6-2　富士山村山古道の復活（静岡県富士宮市）.............p84
- 6-3　大鹿歌舞伎保存会（長野県大鹿村）...................p86
- 6-4　地球塾（三重県鳥羽市）.............................p88
- 6-5　あいの会「松坂」（三重県松阪市）...................p90
- 6-6　生活と芸術をテーマにしたまちづくり（愛知県一色町佐久島）..p92
- 6-7　松尾芭蕉を核にしたまちづくり（三重県伊賀市（旧上野市））.p94
- ●その他の事例..p96
  - 6-8　一八会（三重県多気町）
  - 6-9　江戸時代を楽しむまちづくり（長野県飯島町）
  - 6-10　城下町ホットいわむら（岐阜県恵那市（旧岩村町））

※それぞれの事例には取材時に対応いただいた方々の名前と写真を掲載していますが、現時点では担当者が交替している場合もありますので、ご了承ください。

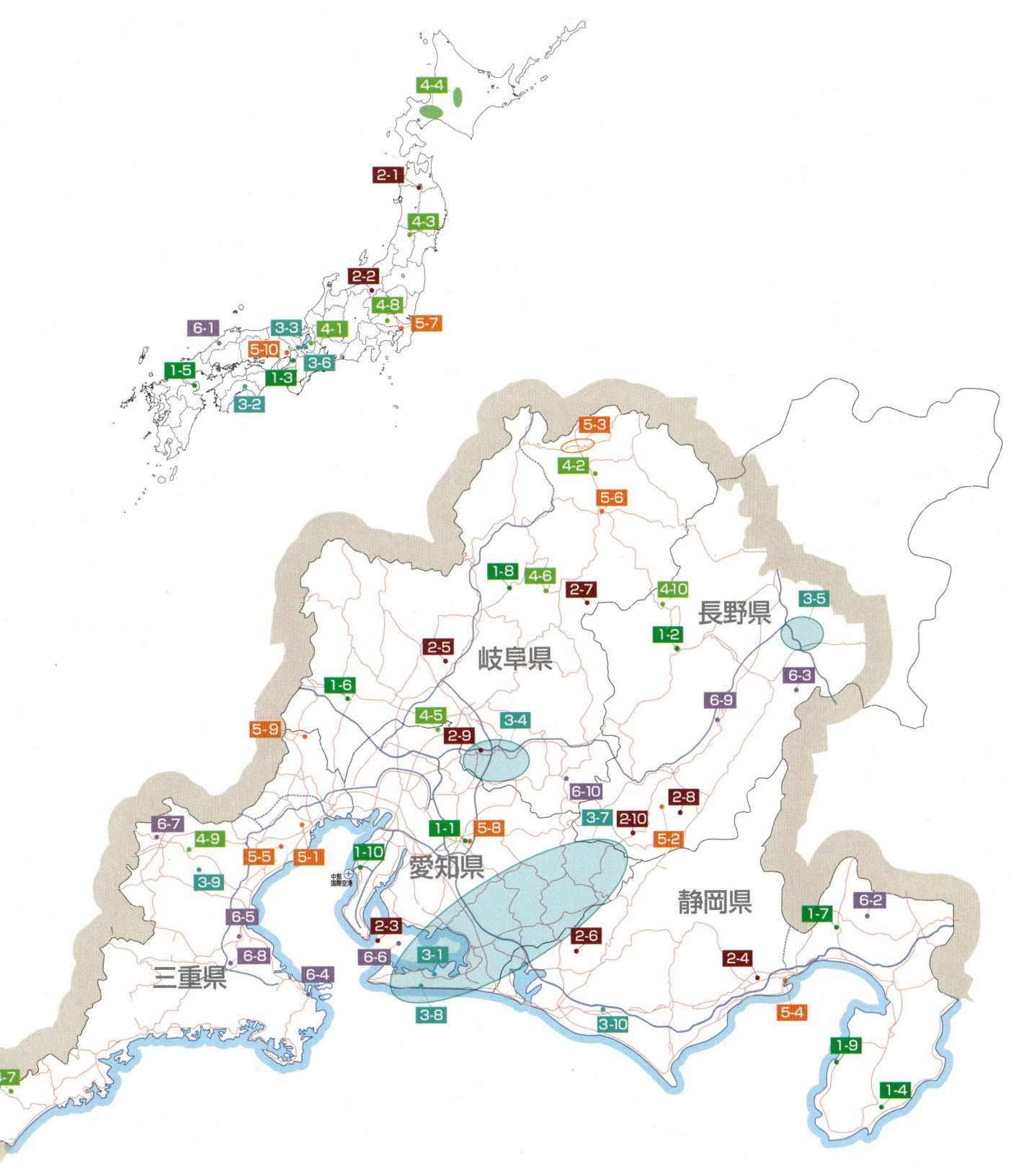

本書の構成

　本書では、それぞれの地域づくりが何を目指しているのかという、地域づくりの「目的」に着目し、以下の6テーマを設定しました。
　一つの事例で複数のテーマにまたがることも多くありますが、その場合は主要テーマに着目して分類を行いました。

1. **活力があふれる　にぎわいの地域づくり**
　・中心市街地活性化
　・地場産業の振興
　・地域ブランドの開発　など

2. **人が行き交う　観光・交流の地域づくり**
　・集客イベント
　・都市農山村交流
　・地域間連携　など

3. **環境と共生する　持続可能な地域づくり**
　・循環型社会の形成
　・地球温暖化対策
　・自然環境保全　など

4. **景観が美しい　うるおいある地域づくり**
　・町並み保全
　・農山村風景の保全
　・花のある暮らし　など

5. **人にやさしい　安全・安心の地域づくり**
　・公共交通の確保
　・交通安全
　・高齢者福祉　など

6. **歴史文化を育む　ゆとりある地域づくり**
　・文化財保存
　・伝統工芸・芸能の継承
　・芸術文化振興　など

1. 活力があふれる にぎわいの地域づくり

1-1 桜町本通りの街並み整備（愛知県豊田市）	p2
1-2 まちづくり木曽福島（長野県木曽町）	p4
1-3 長堀21世紀計画の会（大阪府大阪市）	P6
1-4 花を活かしたまちづくり（静岡県河津町）	p8
1-5 昭和の町づくり（大分県豊後高田市）	p10
1-6 マイスター倶楽部とまちづくり工房大垣（岐阜県大垣市）	p12
1-7 やきそばの町（静岡県富士宮市）	p14
その他の事例	p16
1-8 3セクが元気な地域づくり（岐阜県郡上市（旧明宝村）)	
1-9 黄金崎クリスタルパーク（静岡県西伊豆町（旧賀茂村）)	
1-10 登窯広場整備事業（愛知県常滑市）	

昭和の町づくり

1-1 47号：2006年秋
桜町本通りの街並み整備（愛知県豊田市）

活力があふれるにぎわいの地域づくり

商店街活性化に向けた協働による街並みづくり

桜町ほうだら会の伊藤栄二さん（右）。「桜町の歴史に誇りを持って取り組んでいます。自分たちのアイディアが実現してうれしいです」豊田まちづくり株式会社の杉本恭一さん（中）。「桜城址公園のリニューアルなど、周囲のまちづくりを商店街と結びつけていきたいです」豊田市都市整備部都市整備課の加藤国治さん（左）。「桜町の活性化を市も支援していきたいです」

挙母（ころも）のまちの中心地

愛知県豊田市は、江戸時代には挙母藩の城下町として栄え、昭和34年に市名が豊田市に変わるまでは、「挙母」という地名で呼ばれていました。

こうした歴史のなかで、昭和20年代頃までの中心市街地は、現在の名鉄豊田市駅から南東へ500mほど離れた挙母神社周辺にあり、門前町である桜町には、多くの呉服店や問屋が軒を連ねていました。しかし、駅前開発が進むにつれて中心市街地は駅前に移り、桜町は往時のにぎわいを失いつつありました。

危機感を抱いた桜町の商店街では、毎月八日の八日市（昭和29年～）や、豊田市初の全天候型アーケード（昭和35年）、道路拡幅と電線類地中化（昭和60年）などの改善策を、行政とともにこれまで積極的に進めてきました。

そして平成16年からは、商店街の活性化について改めて話し合いを重ね、①店舗経営・営業力の強化、②歴史・伝統を活かしたにぎわいづくり、③「見て美しい、歩いて楽しい」街並みづくり、の3つの柱を掲げた活性化計画を策定し、その実現に向けた取り組みを進めることにしました。

事業の一体的推進

街並みづくりへの支援を市に要望するなかで、道路整備については国土交通省の「まちづくり交付金事業」、商店街のファサード※整備については経済産業省より「中小小売商業高度化事業計画」の認定をそれぞれ受け、一体的に事業が進められることになりました。

※ファサード：フランス語で「建物の正面」のこと。ここでは沿道外壁の意味

そして平成17年4月に、商店街以外の住民も含めた「まちづくり協議会 桜町ほうだら会」が発足し、市や商工会議所、豊田まちづくり株式会社（当時TMO）や建

歩道と車道が一体化し、開放的なデザインになった桜町本通り

商店街のファサードは桜をモチーフとするデザインで統一感が生まれました

DATA

1. 桜町本通りの道路整備

事業主体	豊田市
整備方針	【桜町ほうだら会による考え方】 ・モダンな参道 ・散歩が楽しくなる道 ・バリアフリー化による歩行者の安全性や快適性の最優先
総事業費	約1億円 豊田市駅周辺地区まちづくり交付金事業

2. 商店街のファサード整備

事業主体	桜町本通り商店街振興組合 ※豊田まちづくり株式会社(当時TMO)と共同で計画策定
コンセプト	レトロモダン
デザインルール	・店舗前面外壁の統一装飾 ・突き出し看板の設置 ・垂れ幕の設置(店舗名の表記等)
総事業費	約3,400万円 国県:中心市街地等商店街活性化施設整備費補助金 市:豊田市がんばる商店街プラン 商店街ファサード整備等支援事業

問い合わせ:豊田市役所　〒471-8501 豊田市西町3-60　http://www.city.toyota.aichi.jp/
都市整備部都市整備課　TEL:0565-34-6622　FAX:0565-33-2433
産業部商業観光課　TEL:0565-34-6642　FAX:0565-35-4317

豊田まちづくり株式会社　〒471-0026 豊田市若宮町1-57-1　TEL:0565-33-0002
FAX:0565-33-0047　http://www.tm-toyota.co.jp/

街並みづくりについて話し合うワークショップ

道路の模型を使って具体的なイメージを確認しながら検討を進めました

通りの真ん中に木を植える案について、現地で実験も行われました

平成18年4月に開催された完成記念式典

築・土木の専門家などと協働・連携しながら、具体的な街並みづくりの方向性を検討していきました。

検討の途中では、通りの真ん中にシンボルとなる木を植えるという案が出され、賛否両論で議論が白熱しましたが、最終的には、近隣住民にとって不便な点が多いことを考慮して、この案は撤回されました。しかし、これをきっかけに住民のまちづくりに対する意識が高まり、より多くの人が話し合いに参加するようになりました。

そして、門前町としての歴史文化とモダンな雰囲気がうまく調和し、歩行者が楽しく歩けるバリアフリーの道という方針で整備が進められ、平成18年4月に完成記念式典が行われました。

新しい街並みは、桜をモチーフに統一されたファサードや、センターラインがなく、歩道と車道が一体化した開放的なデザインの道路が特徴となっています。

まちづくりの新たな展開

まちの活性化に向けた次なる展開として、平成18年7月からは、商店街内の駐車場などを利用した「八日朝市」が毎月開催されています。これは挙母神社の境内で毎月八日に開催される八日市にあわせた催しで、近郊農家による野菜や漬物、五平餅の販売など、地産地消を目的とした取り組みです。店の軒先に設けた休憩場所で、お茶菓子などのおもてなしも行っています。

ほうだら会では今後、周辺の桜城址公園などを含めたまちづくりや、景観を維持管理するための自主協定づくりなども検討していく予定です。

これらの取り組みが評価され、桜町は、平成19年度の「美しいまちなみ優秀賞」を受賞しています。商店街活性化から桜町全体のまちづくりへ、幅広い活動の展開が期待されます。

毎月八日に八日市が開催される挙母神社。約120の露天が並び、多くの人でにぎわいます

八日市にあわせて、商店街では地産地消の野菜などが並ぶ「八日朝市」や、軒先でのお茶菓子のおもてなしなどが行われます

活力があふれるにぎわいの地域づくり

1-2 46号：2006年夏

まちづくり木曽福島（長野県木曽町）

歩いて感じるまちづくり
宿場町の中心市街地再生

まちづくり木曽福島スタッフの木村みかさん（左）。「伊那方面との新たな交流に期待したいです」同・専務取締役の加藤晋悟さん（中）。「みんなでアイデアを出し合って進めています。責任もありますが、充実感もあります」木曽町観光商工課まちづくり推進係の柿崎孝幸さん（右）。「観光振興と基盤整備が一体化したまちづくりを進めています」

活力があふれるにぎわいの地域づくり

木曽の中心地としての歴史

　西に御嶽、東に木曽駒ヶ岳を望み、谷あいの木曽川に沿って中山道が伸びる木曽町。その中心市街地は、中山道の宿場町「福島宿」として、また木曽ヒノキの流通拠点として栄え、木曽の政治・経済・文化の中心でした。

　しかし、昭和40年代からの林業の不振や、車社会による人の流れの変化などにより、この中心市街地も全国的傾向と同様に次第に衰退し、高齢化や空き店舗が目立つようになっていました。

　そこで役場（当時の木曽福島町）では、中心市街地の活性化を重要課題として、平成14年に「中心市街地商業等活性化基本構想」を策定し、街並み環境整備事業などを活用した市街地整備に着手するとともに、平成15年に活性化の推進主体として第三セクターの株式会社「まちづくり木曽福島」を設立しました。

住民主体による会社経営

　「まちづくり木曽福島」では、活性化のためのさまざまな取り組みをプロジェクトチームごとに実践するとともに、役場と連携して市街地整備を進めています。

　取り組みの合言葉は「歩いて感じるまちづくり」。まちを歩きながら魅力を体感してもらい、お店にも立ち寄ってもらうことで、経済効果を生み出そうというのがねらいです。

　木曽の中心地としての伝統を持つこのまちでは、まちづくりに対する住民意識も高く、住民の多くが「まちづくり木曽福島」の株主となり、積極的にボランティアとしてまちづくりに参加しています。

　近頃は、観光客の8割以上が車を利用してまちを訪れるため、車を停めて歩いてもらえるように、まちの各所に駐車場を整備しました。また、散策マップづくり

中山道の風情ある街並みが残る「上の段」地区

古民家を再生した「竈炙ビストロ松島亭」は新しい観光名所となっています

松島亭のスタッフの皆さん

和気あいあいとイベントの準備をする住民ボランティアたち

まちづくり木曽福島では、福島関所資料館などの運営も行っています

DATA
まちづくり木曽福島の主なプロジェクト (2006)

1. **耳より情報発信チーム**
   - 口コミ情報を中心とする情報の収集・発信
   - タウン誌『知って得する木曽町ニュース』の企画制作　など

2. **ぶらりソフト開発チーム**
   - 「上の段」から他エリアへ "ぶらり" と回遊してもらうための企画提案
   - 『ぶらりぐるりマップ』の企画制作　など

3. **花いっぱいチーム**
   - 従来からの「花いっぱい運動」を拡大した「歩こう！森林の花の香りあふれるまちづくり事業」の立ち上げ　など

4. **関所代官にぎわいチーム**
   - 福島関所資料館と山村代官屋敷の魅力向上（茶席やギャラリーの開催）　など

5. **異空間プロジェクトチーム**
   - キャンプ場「キャンピングフィールド木曽古道」の魅力向上　など

問い合わせ：株式会社まちづくり木曽福島　〒397-0001 長野県木曽郡木曽町福島5084 広小路プラザ内
TEL：0264-22-2766　FAX：0264-22-2706　http://www.nanchara.net/

や、地産地消による特産品開発を進めるとともに、古民家を再生してレストラン「竈炙ビストロ松島亭」をオープンし、会社の直営で運営しています。

おもてなしの心を育む

まちづくりの中心となっているのは、周囲より少し高台にある「上の段」地区です。中山道の町並みが残る通り沿いに、「松島亭」や「肥田亭」、なまこ壁の土蔵、水場などがあり、情緒豊かな雰囲気が味わえます。

また、細い小路や急な坂、木曽川沿いにある足湯や親水歩道、島崎藤村ゆかりの「初恋の小径」なども、歩いて感じるまちとしての魅力の一つになっています。

さらに、まち全体の「おもてなし」の質を高めるために、接客サービスなどを学ぶ講習を行い、修了したお店を「おもてなし推奨店」として、店先などに認定マークを掲示することで、訪れた人が安心して立ち寄れる雰囲気づくりも考えています。

平成18年2月には権兵衛トンネルが開通して、伊那方面からのアクセスが格段に良くなり、観光客誘致の追い風になっているだけでなく、住民の日常生活でも伊那方面の人や文化との新たな交流が始まっています。

今後は、株式会社としての収入源の確保などの課題の解決に向けて、さらなる環境整備や人材育成に力を入れていくそうです。魅力的なイベントも次々に企画、開催されており、これからどのように変わっていくのか、とても楽しみなまちです。

趣のある小路の数々も、このまちの魅力の一つです

木曽福島の北の玄関口「上町」には駐車場と情報発信基地「木曽路文化ギャラリー」があります

駐車場奥の急な坂道は「初恋の小径」。島崎藤村の詩「初恋」にちなんで、初恋を詠んだ俳句を全国から募集し、優秀作品を掲示しています

木曽川沿いの崖家造りと親水歩道（左）。川のほとりの親水公園には足湯もあります（右）

「おもてなし推奨店」のマーク。接客やよい品づくりの講習を修了したお店の目印です

活力があふれるにぎわいの地域づくり

長堀21世紀計画の会（大阪府大阪市）

おしゃれな大人の散歩まち
道から広がる都市再生

長堀21世紀計画の会理事長の成松 孝さん。「御堂筋を起爆剤として、まち全体の活性化を進めていきたいです」

「日本の台所」としての歴史

　大阪の都心部を南北に貫く御堂筋と東西に伸びる長堀通りが交差する心斎橋界隈は、江戸時代には「天下の台所」として、全国からの物資が船で運ばれてくる経済の中心地でした。その歴史は、現在も「船場」「長堀」などの地名に残されていますが、舟運を支えた長堀川は昭和37年に埋め立てられ、時代の流れのなかで、かつての求心力が失われようとしていました。

　この地域を再び活性化しようと、地元企業が中心となり昭和57年に設立されたのが「長堀21世紀計画の会」です。全国でも珍しい企業町会であるこの会では、さまざまな業種の専門家集団であるという特徴を活かし、まちづくりの提言活動のほか、地域の美化・緑化やイベントなど、多彩な活動を展開しています。

地下鉄整備計画への提言

　会の取り組みのきっかけとなったのは、長堀通りへの地下鉄延伸（長堀鶴見緑地線）計画でした。計画に対する地元の要望として、会では、地下に駐車場や商店街などを整備し、地上部は公園化するという「ジオフロント構想」を大阪市に提言しました。

　この提言が活かされるかたちで、日本最大級の地下駐車場や全長730mの地下商店街がつくられるとともに、地上の長堀通りは、花や水のうるおいを楽しめるように景観が整備され、国のシンボルロードとして指定されました。事業の途中にバブル経済が崩壊したため、地上の景観整備が中止される危機にも直面しましたが、署名運動などの会の粘り強い働きかけにより事業は実現しました。

　この事業の後、「大阪をアジアの中核都市に」と

大阪の都心を南北に貫く御堂筋。きれいなイチョウ並木が続きます

御堂筋を歩行者に開放して賑わい空間を演出します

たくさんの人でにぎわうオープンテラス

DATA

これまでの経緯

昭和56年	8名の発起人により設立準備会を結成
昭和57年	会員企業33社で設立総会開催
昭和58年	「Nagahorimall21」（ジオフロント構想）を大阪市に提言
昭和62年	長堀通りの美化・緑化を市に陳情
昭和63年	電線類の地中化、道路標識の設置、街路樹の整備など、長堀通りの改修が実現
平成3年	「Nagahorimall21」をより実現性の高い案に修正した「長堀大通公園計画案」を市に提言
平成4年	市が長堀改造計画案を発表。以降、提言実現に向けた市との折衝を続ける
平成8年	地下鉄7号線（長堀鶴見緑地線）開通 有名ブランドの1つが直営店を開店
平成9年	長堀通りの景観整備が本格化 有名ブランドの出店が相次ぐ
平成10年	長堀通りの景観整備が完了。国のシンボルロードとなる
平成13年	NPO法人化
平成14年	「長堀・心斎橋集客特区構想」を内閣官房・都市再生本部に提出
平成15年	「長堀・心斎橋・南船場街づくり提言書」を公表 「第1回御堂筋オープンフェスタ」開催（国土交通省社会実験）
平成16年	第2回「御堂筋オープンフェスタ」開催（国土交通省社会実験） 地元の小学校跡地を活用した「太閤船場茶会」の開催
平成17年	第3回「御堂筋オープンフェスタ」開催（本格開催）

問い合わせ：長堀21世紀計画の会 事務局　〒542-8551　大阪市中央区南船場4-4-10 辰野新橋ビル（株）大丸本社3階
TEL：06-6241-0505　FAX：06-6241-0555　http://www.nagahori21.or.jp/

活力があふれるにぎわいの地域づくり

積極的に情報発信するなかで、世界の有名ブランドの1つが平成8年に直営店を出店しました。これをきっかけに、各ブランドのアジア最大規模の店舗が軒を連ねるようになり、国際的なファッションタウンが形成されつつあります。

おしゃれな大人の散歩まちに

平成14年には、長堀通りを中心とする南北55haのエリアを集客特区とする「長堀・心斎橋集客特区構想」を国の都市再生本部に提出し、平成15年には「長堀・心斎橋・南船場街づくり提言書」としてまとめました。

この構想では、「おしゃれな大人の散歩まち」をコンセプトに、対象エリアを5つのゾーンに分け、それぞれにテーマ性を持たせたまちづくりを提案しています。

また、道路空間を活用した地域活性化・都市再生を目指すイベント「御堂筋オープンフェスタ」の運営にも参加し、不法駐輪対策や、車道の交通規制によるオープンテラスなどの取り組みを行ってきました。

このイベントは、平成15・16年度は国土交通省の社会実験として行われ、当初は警察との交渉等に苦労しましたが、少しずつ課題を克服していきました。そして本格開催となった平成17年度には、人々が立ち止まって観ることができる路上パフォーマンスを新たに加え、これまでにないにぎわいを得ることができました。

これからは人が楽しめる道づくりが大切と考える会では、道から街へと活性化の波が広がっていくことを願っています。国際集客都市・大阪の中核として世界中から人が訪れるまちを目指して、会の取り組みはこれからも続いていきます。

大きなキャンバスが並ぶアートペインティング

元気あふれるストリートダンス

趣のある近代建築の業務ビルをレストランとして再生（南船場二丁目）

温故知新をテーマに小学校跡地で「太閤船場茶会」を開催（南船場三丁目）

平成15・16年は国土交通省の社会実験として開催

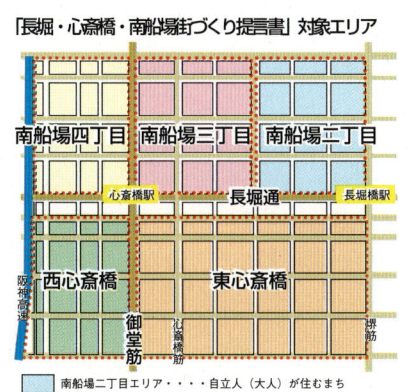

1-4 44号：2006年冬
花を活かしたまちづくり（静岡県河津町）

交流が生まれる花づくり
一年中花が楽しめるまち

国土交通省の「観光カリスマ」にも認定された河津町長の櫻井泰次さん。「交流人口をいかに増やすかが課題です。河津町の特徴である「花」を多くの人に見てもらいたいです」

早咲きの河津桜

　伊豆半島の南東部に位置する河津町は、天城山を水源とする河津川が流れ、河津七滝や数々の温泉、海水浴場など、海と山が織りなす自然に恵まれたまちです。また、川端康成の『伊豆の踊子』の舞台でもあり、修善寺方面と海岸沿いの両方からアクセスできるため、交通の便にも恵まれています。

　しかし、このような観光資源や交通条件に恵まれながら、下田や伊東などの周辺の観光地に比べると、町の知名度はあまり高くありませんでした。

　昭和30年頃、町民が河津川の河原で見つけた桜の苗木を庭で育てたところ、2月に開花する珍しい桜であったことが、今日のまちづくりの出発点となりました。

　淡いピンク色の花が約1ヶ月咲き続けるこの桜は「河津桜」と名づけられ、昭和50年には町の木に指定されました。そして、観光協会が中心となり、河津川の河川敷を中心に毎年約千本ずつ河津桜を植えていき、平成3年2月には「第1回河津桜まつり」が開催されました。

　南伊豆の温暖な気候のもと、いち早く春を感じることができることから、このまつりは年々人気が高まり、最初は約3千人だった見物客も、今では100万人を超えるようになりました。

一年中花が楽しめるまち

　「河津桜まつり」が成功した背景には、マスコミへの積極的な働きかけや、町によるお花見バスの運行、町民による地場産品の販売など、官民の連携による盛り上がりがありました。

　平成12年からは新たに「夜桜まつり」を開始し、桜並木のライトアップや町民による甘酒の提供などを行いました。この夜桜にも多くの観光客が訪れ、

早春の河川敷をあざやかに彩る河津桜と菜の花。「河津桜まつり」には、毎年100万人を超える観光客が訪れます

河津七滝の1つ「初景滝」と「伊豆の踊子」像

河津桜の原木は、今でも民家の庭で花を咲かせています

DATA

これまでの経緯

昭和30年頃	河津川の河原で町民が桜の苗（河津桜の原木）を見つけ、家の庭で育て始める
昭和49年	「河津桜」と命名される
昭和50年	河津桜を町の木に指定
昭和50年頃	観光協会が中心に、河津桜を町内に植樹
昭和61年	櫻井町長就任。花を活かしたまちづくりを積極的に進める
平成3年	第1回河津桜まつり開催（以降、毎年開催）
平成10年	かわづ花菖蒲園 開園
平成10年	テレビ番組で「河津桜」が取り上げられ、大きな反響を得る
平成12年	夜桜まつり開始
平成13年	河津バガテル公園 開園
平成15年	かわづカーネーション園 開園
平成15年	1月に開花する桜を「河津正月」として品種登録
平成16年	「風土の森」ユリ園 開園

問い合わせ：河津町役場総務課庶務係　〒413-0595　静岡県賀茂郡河津町田中212-2
　　　　　　TEL：0558-34-1913　FAX：0558-34-0099　http://www.town.kawazu.shizuoka.jp/

活力があふれるにぎわいの地域づくり

ライトアップされた河津桜が幻想的な「夜桜まつり」

フランス式庭園を再現した河津バガテル公園には、約1,100品種、6,000本のバラが植えられています

パリ市と河津町の友好を記念した新品種「伊豆の踊子」

多くの観光客に対応するために整備された駐車場

一年中花を観賞できるように、「かわづ花菖蒲園」（左）や「かわづカーネーション園」（右）も整備されました

宿泊客も増えるなど、大きな経済効果をもたらしています。

河津町は、カーネーション、花菖蒲、バラなどの施設園芸が主な産業です。これらの花を、町を訪れた観光客が観賞できるようにすることで、一年中、花が楽しめるまちづくりを進めています。平成10年には「かわづ花菖蒲園」、平成13年にはバラを活かした「河津バガテル公園」、平成15年には「かわづカーネーション見本園」、平成16年にはユリ園がオープンしました。これらの公園は、交流人口の増加とともに農業や観光産業の活性化、さらには町民の憩いの場としても役立っています。

河津バガテル公園は、パリの「ブローニュの森」にあるバガテル公園のバラ園を再現したもので、フランスと日本の文化交流の役割も果たしています。

課題への取り組み

多くの観光客が訪れ、大きな経済効果をもたらす一方で、予想外の人出による駐車場問題などの新たな課題も生じています。大型バスや自家用車への対応として、町では駐車場を整備するとともに、町内の伊豆急行河津駅を利用した「パーク＆ライド方式」や、国土交通省と連携した駐車場案内システムの導入などを進めています。

これからのテーマは、全国的に有名になった河津桜をさらに充実させていくことです。また、桜を楽しめる時期を長くし、より多くの人に河津町に来てもらえるよう、1月に花が咲く「河津正月」と名づけられた桜の植樹も進めています。

官民が連携して進める花を活かしたまちづくりは、伊豆の新名所となり、地域全体を活性化させています。

1-5 38号：2004年夏

昭和の町づくり（大分県豊後高田市）

昭和レトロが息づく元気で懐かしい商店街

「昭和の町」ご案内人の藤原ちず子さん（左）と豊後高田市商工観光課の應利晋矢さん（右）。「元気で懐かしい『昭和の町』の魅力をもっと伸ばしていきたいです」

さびれた商店街の再発見

　九州の北東部、国東半島の付け根に位置する人口約1万8千人の豊後高田市は、江戸時代に大阪まで物資を運ぶ舟運の拠点として発展し、昭和30年代頃までは国東半島一の賑やかな町として栄えました。しかし、郊外での大型店舗の進出や過疎化による後継者不足などにより、中心市街地の商店街は次第にさびれ、平成12年頃には衰退の極みに達していました。

　そのような状況の中、市では平成12年に「商店街の街並みと修景に関する調査事業」を実施しました。調査の結果、商店街の建物の約7割は、商店街が最も元気だった昭和30年代以前の状態のままで残っており、軒先の化粧看板（パラペット）を取り外せば十分に当時の外観に修復できること、また昔ながらの商人が残っていることも大きな一つの要因でした。

　そこで、このような「建物」と「人」の特長を活かした商店街の再生を目指して、昭和30年代のレトロをコンセプトとする「昭和の町」の取り組みが始まりました。

一躍、観光客で賑わう町に

　市では、まず商店の外観を昭和30年代の雰囲気で統一するため、県の補助事業を導入した街並み整備に着手しました。商店の建具をアルミ製から木製にし、看板を木製やブリキ製に改修するなど、建物を建築当時の趣に再現する取り組みのほか、各店に代々伝わる思い出の品（お宝）を展示する「一店一宝」運動を展開し、各店の顔が見える工夫をしました。

　平成14年度には、かつてこの地に住んでいた大分県一の豪商の米蔵を改装して「昭和ロマン蔵」を整備し、レトロなおもちゃのコレクションを展示する「駄菓子屋の夢博物館」を誘致しました。また、黒崎義介画伯

「昭和の町」には、大阪や東京など遠方からも観光客が訪れます

昭和10年前後に建てられた米蔵を改装した「昭和ロマン蔵」。この中に「駄菓子屋の夢博物館」「昭和の絵本美術館」「昭和の夢町三丁目館」などがあります。

駄菓子屋の夢博物館

昭和の絵本美術館

昭和の夢町三丁目館

活力があふれるにぎわいの地域づくり

DATA

これまでの経緯

平成13年	「昭和の町」事業を開始する
	商店街街並み修景事業を開始する
平成14年	「昭和ロマン蔵」事業が開始される
	「駄菓子屋の夢博物館」が開館する（入込み客数5万人）
平成15年	「ダイハツミゼット昭和の町に集まれ！」を実施する（入込み客数20万人）
平成16年	「昭和の絵本美術館」が開館する（入込み客数22万人）
	「豊後高田昭和の町並み」が手づくり郷土賞を受賞する
平成17年	豊後高田市観光まちづくり株式会社が設立される（入込み客数25万人）
	レトロカーで行く「昭和の町」懐古ストリートを実施する
平成18年	「旬彩南蔵」が開店する
平成19年	昭和の夢町三丁目館オープン

問い合わせ：豊後高田市商工観光課　〒879-0692　大分県豊後高田市御玉114
　　　　　　TEL：0978-22-3100　FAX：0978-22-0955　http://www.city.bungotakada.oita.jp/

活力があふれるにぎわいの地域づくり

昭和30年代のレトロな雰囲気が漂う「昭和の町」の店々

ガソリンスタンドも、昭和30年代そのままの姿を再現

「一店一宝」の特大茶箱が展示された店内。おもてなしの一杯がいただけます

の絵本原画を展示した「昭和の絵本美術館」や、和食レストラン「旬彩南蔵」を整備するなど、まちのシンボルとなる各施設の充実も進めています。

市民ボランティアが始めた「昭和の町」ご案内人は、「わかりやすく楽しい」と評判で、今では「昭和の町」の顔として欠かせない存在になっています。平成15年には昭和の町に似合うレトロカーを活用した「ダイハツミゼット昭和の町に集まれ！」と名づけたイベントを実施、多くの来訪者の支持を得ています。

継続のための仕組みづくり

年間5万人の効果を見込んではじまった取り組みにより、27万人を超える観光客が訪れるようになり、商店街に活気が生まれました。この賑わいを継続し、市内全体に波及させるため、平成18年には「豊後高田市観光まちづくり株式会社」を設立し、会社の利益をまちづくりへと還元し、「昭和の町」及び地域観光の「質」を維持できる仕組みを構築しています。

現在では、増加する観光客への受入体制を整えることが新たな課題となりつつあり、商工会議所や行政とともに土産品の開発や駐車場等の整備に取組んでいるほか、商店主の高齢化への対応も求められています。これからは、「昭和の町」として、観光客だけでなく、地元消費者にも愛される商店街・まちづくりを目指した取組みを展開していくとのことです。

シンボルマーク

1-6　30号：2002年夏

マイスター倶楽部とまちづくり工房大垣（岐阜県大垣市）

学生と市民が活躍する中心商店街

活力があふれるにぎわいの地域づくり

大垣市のまちづくりや産業振興を支援するため、大垣市と大垣商工会議所が共同で設立した大垣地域産業情報研究協議会（現大垣地域産業振興センター）の菱田耕吉さん（右）と伊藤幹雄さん（左）。縁の下の力持ちとして活躍されています

水都大垣

　岐阜県大垣市は、古くは城下町として栄え、その後は、豊富な地下水を利用した繊維産業を中心に発展した西濃地域の中心都市です。かつては地下水が、市内のいたるところで自噴水として涌き出ていたなど、「水都」としても知られています。

　大垣市の中心商店街は、JR大垣駅を中心に発展してきましたが、近年では、モータリゼーションの進展、繊維産業の衰退、郊外の大型商業施設の影響などで、かつてのにぎわいは失われつつあります。市では、平成10年7月に施行された中心市街地活性化法を受け、平成10年12月に大垣市中心市街地活性化基本計画を策定しました。現在、大垣商工会議所では、中心市街地活性化に向けた、さまざまな取り組みが進められていますが、その中でとくに注目されるのが、マイスター倶楽部とまちづくり工房大垣です。

2つの中心グループ

　マイスター倶楽部は、大垣商工会議所が空き店舗対策モデル事業として、中心商店街に開設した店舗です。平成10年10月にオープンし、現在は岐阜経済大学が大垣市商店街振興組合連合会、大垣市、大垣商工会議所との連携協力のもとで運営されています。現在、約40人の学生が参加し、各グループごとに調査・研究・イベント企画などに取り組んでいます。これまでも新聞の発刊やシャッターペイント、小・中学生を対象としたバリアフリー体験学習、市街地の見まわり活動など、地元商店街の人達と協力した数々の取り組みを行っています。

　まちづくり工房大垣は、平成11年10月に発足した市民によるまちづくりグループです。市民公募で集まった約120人が、11のグループに分かれて活躍し

市民公募で集まった市民が活躍するまちづくり工房大垣。大垣の「水」にこだわった取り組みも進めています

マイスター倶楽部の皆さん。岐阜経済大学の学生さんたちです

DATA

マイスター倶楽部
- ●設立
  平成10年10月
- ●メンバー
  岐阜経済大学の学生約40人
- ●活動グループ
  ・TMN（土まるけネットワーク）グループ
  ・イベント研究グループ
  ・防犯コミュニティ研究グループ
  ・バリアフリー調査研究グループ
  ・ユニバーサルスポーツ実践グループ
  ・セラピー農園調査実践グループ
  ・子どもの学び場研究グループ
  ・情報発信グループ　他

まちづくり工房大垣
- ●設立
  平成11年10月
- ●メンバー
  市民公募等による市民約120人
- ●活動グループ
  ・NPO法人まち創り・歴史観光グループ
  ・スイトミュージアム研究会
  ・大垣まちづくり応援団（終の住まい研究会）
  ・土まるけネットワークグループ
  ・バリアフリー調査研究グループ
  ・イベント研究グループ・情報発信グループ
  ・防犯コミュニティ研究グループ
  ・まちづくり応援事業実験グループ・大垣ビデオ　他

問い合わせ：大垣地域産業振興センター　TEL：0584-75-7031　FAX：0584-77-2523
http://www.ginet.or.jp/sansin/

子育て交流プラザ。空き店舗対策事業の一環として、平成14年6月にオープンしました

中心市街地活性化市民ビジョンワークショップのひとこま。活発な議論が展開されています

雪祭り雪像コンテスト（左）と新春もちつきフェスティバル（右）のひとこま。マイスター倶楽部による商店街との共同イベントです

まちづくり工房大垣では、美濃路をテーマにした歴史研究（左）や、バリアフリーマップづくり（右）なども行われています

活力があふれるにぎわいの地域づくり

ています。マイスター倶楽部の学生も多数参加しています。グループには、NPO法人まち創り、情報発信、バリアフリー、歴史観光などがあり、中心市街地を流れる水門川の清掃活動やアートでまちづくりを目指した「扇面画芭蕉展」の開催などの取り組みが行われています。そのほかにも、空き店舗対策事業として、子育て交流プラザや、新しい循環型社会の発信を行うリサイクルプラザ「クルクルワールド」を開設しました。

中心市街地活性化の主役に

現在では、マイスター倶楽部の活動は地元にしっかりと定着し、商店街の一員としての地位も確立し、事業活動においても、調査研究から、商店街と連携を図った実践的な事業へとシフトしています。平成18年2月には、岐阜経済大学、大垣市商店街振興組合連合会、大垣商工会議所及び大垣市が「中心市街地活性化のための四者協定」を締結しています。

まちづくり工房大垣も、その多彩な活動を通じて大垣のイメージアップにも貢献しており、高い評価を受けています。グループの中にはNPO法人となったグループや、「内閣官房長官賞」を受賞したグループもあり、各種イベントや調査研究、交流事業など、多くの事業に意欲的に取り組んでいます。

マイスター倶楽部、まちづくり工房大垣の活動は、今では中心市街地活性化事業にも欠かせない存在となっています。市民の企画による多彩な取り組みが期待されます。

1-7 29号：2002年春
やきそばの町（静岡県富士宮市）

富士宮のやきそばは一味違います

富士宮市くらしの相談課長の渡辺秀孝さん。やきそばG麺でもあります。「富士山とやきそば、両方楽しんでいただけるまちづくりを進めていきたい」と話していました

中心市街地活性化がきっかけ

　富士宮のやきそばは、普通のやきそばと、ちょっと違います。一般的に販売されているやきそばの麺が、麺を蒸した後、もう一度ボイルするのに対して、富士宮の麺は、強制的に冷やし、油で表面をコーティングして、コシのある硬めの麺にします。また、ラードを絞ったあとの「肉かす」を入れたり、カツオブシではなくイワシの削り粉「だし粉」を振りかけたりするなど、製法にもオリジナリティがあります。

　このやきそばに着目して、まちおこしを行っているのが「富士宮やきそば学会」の皆さん。平成11～12年度に、富士宮市と富士宮商工会議所が行った、中心市街地活性化基本計画作成のワークショップに参加した市民有志の一部が、ワークショップで議論したことを実践に移そうと、平成12年11月に会を設立しました。学会員は設立当初、13人でスタートし、平成18年には25人。会社員、自営業者、主婦、学生など一般市民がメンバーです。

巨大やきそば鉄板でギネスに挑戦。平成13年9月、富士宮青年会議所創立30周年事業の一貫として、富士山の標高と同じ3,776食のやきそばを焼きました

マスコミの紹介でブームに

　最初に取り組んだのは「やきそばマップ」の作成。富士宮市には、昔からやきそば屋が多く、人口約12万人に対して、やきそば屋が150店以上あります。学会では、会員自ら「やきそばG麺」と名乗り、一軒一軒丹念に調査。2ヶ月近くかけて、メニューや店の特徴をまとめたマップを作成しました。また、やきそば屋が一目でわかるように、ソースの色をイメージした「のぼり旗」を作成したほか、ホームページを立ち上げ、積極的な情報発信を行っています。こうした活動は、当初から話題性もあり、テレビ、新聞、雑誌などで盛んに取り上げられ、市外からの客が爆発的に増加することになりました。休日には、マップを手に持った客で、店には行列ができるといいます。富士宮本宮浅間神社の前には、やきそば横丁が出現しまし

富士宮やきそば学会が作成したのぼり旗。やきそば屋の目印になっています

マスコミのインタビューに答える富士宮やきそば学会長の渡辺英彦さん。マスコミで盛んに取り上げられたことが、ブームの一因になりました

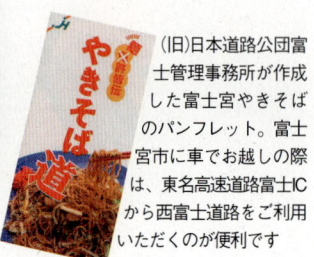

（旧）日本道路公団富士管理事務所が作成した富士宮やきそばのパンフレット。富士宮市に車でお越しの際は、東名高速道路富士ICから西富士道路をご利用いただくのが便利です

DATA

富士宮のやきそばの歴史

富士宮市は、かつて製糸業が盛んであったため、若い女工さんが多く、若者たちの交流の場として、「洋食屋」（現在のやきそば屋、お好み焼き屋）が繁盛しました。戦後の食糧難の時代には、「やきそば屋」「お好み焼き屋」が、安価で手軽な食べ物を提供する場として親しまれ、市民生活に深く根ざすことになったのです。

オヤジギャグ紹介・・・天下分け麺の戦い、歓麗喜楽座、三国同麺協定書、ミッション麺ポッシブル、ヤキソバイブル、やきそばG麺

問い合わせ：富士宮市フードバレー・政策推進課　TEL：0544-22-1691　FAX：0544-22-1206
http://www.city.fujinomiya.shizuoka.jp/index.htm
富士宮やきそば学会事務局　富士宮市宮町4-23　TEL&FAX：0544-22-5341

た。事務局のほか学会が経営するアンテナショップ、ジェラートやお持ち帰りのやきそばなどを売る店、富士山雪どけの湧水などがあり、中央のテーブルでは来訪者が食事しながら、休憩する姿が見られます。平成18年度には、約50万人もの観光客が、やきそばを目当てに訪れています。

さまざまな市民が活躍

やきそばは、小学校の総合学習にも取り入れられています。「やきそばジュニアG麺」を名乗る子供たちが、やきそば屋、製麺工場などの見学、やきそばに関する市民アンケート調査などを行い、市役所のロビーで、調査結果を発表するパネル展を行いました。そのほかにも、同じようにやきそばによるまちおこしを行っている秋田県横手市や群馬県太田市との交流や、「富士宮おかみさん会」による、東京浅草での富士宮やきそばのデモンストレーションなど、さまざまな交流の輪が広がっています。

行政からの金銭的支援はいっさい受けていませんが、経済波及効果は発足から6年間で約217億円ともいわれ、総務大臣賞、静岡県観光大賞、静岡県知事顕彰、富士宮市長感謝状を受けるなど、内外から高い評価を受けています。旅行会社と連携したやきそばツアーの商品化なども進み、着実に観光客も増えています。平成18年、19年と連続で、全国のB級ご当地グルメでまちおこしをしている団体による「B-1グランプリ」で見事優勝しました。そうした背景から富士宮市では、現在、食のまちづくりである「フードバレー構想」を推進しています。

やきそば以外にも、ビオトープや商店街の十六市・神田楽市・にしの市などの定期市、秋まつりサポーターズクラブなど、中心市街地活性化ワークショップをきっかけにして生まれた、さまざまな市民グループ等が活動を展開しています。

子どもたちもやきそばが大好き。親子やきそば教室のひとこま

市民活動グループの活動拠点「宮っ」。商店街の空き店舗を利用しています。富士宮やきそば学会の事務局もここにあります

中心市街地にできた新しいフードコート「お宮横丁」は、やきそば店など地元の商品が立ち並ぶ観光ランドマークになっている

全国からB級ご当地グルメ21団体が集まり、味を競い、富士宮やきそばが2年連続グランプリを受賞

活力があふれるにぎわいの地域づくり

その他の事例

1-8　28号：2001年冬
3セクが元気な地域づくり（岐阜県郡上市（旧明宝村））

3つの第3セクターが地域の活性化に貢献しています

　岐阜県明宝村（現郡上市）では、地域特性を活かした産業おこしと観光を主軸とした地域づくりを目的に、第3セクターを設立し、村民の雇用拡大、地域の活性化に努めています。ヒット商品となった「明宝ハム」など村の特産品づくりを担当する「明宝特産物加工」、観光開発の中心となり、「めいほうスキー場」を運営する「めいほう高原開発」、女性だけの、飲食サービスと農産物加工を展開する「明宝レディース」。平成9年には、中日農業賞、平成15年には第8回ちいき経済賞・ふるさとすぴりっと賞を受賞。平成16年には農林水産省「立ち上がる農山漁村」に選定されています。

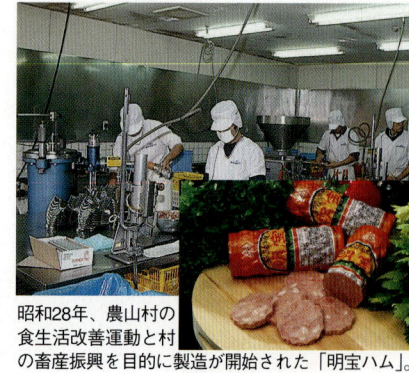
昭和28年、農山村の食生活改善運動と村の畜産振興を目的に製造が開始された「明宝ハム」。全国にファンがいる自慢の特産品です

問い合わせ：郡上市役所明宝地域振興事務所
〒501-4307　岐阜県郡上市明宝二間手606-1
TEL　0575-87-2211　　FAX　0575-87-2386
http://www.city.gujo.gifu.jp/

1-9　13号：1997年秋
黄金崎クリスタルパーク（静岡県西伊豆町（旧賀茂村））

地域資源を活かした観光施設を拠点に広がるふるさとづくり

　静岡県の賀茂村（現西伊豆町）地区では、珪石（ガラスの原料）の産地である特徴を活かした「ガラス文化の里づくり」が行われています。その拠点施設が、現代ガラス専門の美術館である「黄金崎クリスタルパーク」。国内外の現代ガラス作品の展示に加え、体験工房も人気があります。西伊豆町在住のガラス作家と地元ボランティアによる「かも風鈴まつり実行委員会」の活動など、幅広い取り組みが展開されています。西伊豆町との合併後は、「夕陽」と「ガラス」を新たなキーワードとし、地域文化と自然を活かしたまちづくりをはじめています。

建物中央のガラスドームが特徴的

問い合わせ：（株）黄金崎クリスタルパーク
〒410-3501　静岡県賀茂郡西伊豆町宇久須2204-3
TEL　0558-55-1515　　FAX　0558-55-1777
E-mail：kuripa@i-younet.ne.jp
http://www.kuripa.co.jp/

1-10　4号：1995年夏
登窯広場整備事業（愛知県常滑市）

懐かしい風景と地場産業を活かしたまちなみづくり

　愛知県常滑市にある「やきもの散歩道」では、昔から窯業を営んできた古い家々や土蔵、煉瓦とトタンの倉庫が建ち並び、どこか懐かしい風景が見られます。散歩道の途中には国の重要有形民俗文化財に指定された登窯があり、隣接して「登窯広場」が整備されました。広場にある展示工房館には昔の窯が保存され、2階には体験工房があります。広場にはモニュメントや大陶壁があり、ふんだんに陶器が使われています。平成17年に、常滑市の沖合いに日本で3番目の国際拠点空港「中部国際空港 セントレア」が開港し、この界隈も世界からの人々で賑わっています。

登窯広場にあるモニュメント「時空」と陶壁画「輝」は平成7年に整備されました

問い合わせ：愛知県常滑市商工観光課
〒479-8610　愛知県常滑市新開町4-1
TEL　0569-35-5111　　FAX　0569-35-3939
E-mail：kankou@city.tokoname.lg.jp

2. 人が行き交う観光・交流の地域づくり

2-1 明治百年通り構想（秋田県小坂町）	p18
2-2 大地の芸術祭と里山回廊（新潟県越後妻有地域）	p20
2-3 漁業を活かした離島観光（愛知県南知多町日間賀島）	p22
2-4 大道芸ワールドカップin静岡（静岡県静岡市）	p24
2-5 美濃和紙あかりアート展（岐阜県美濃市）	p26
2-6 おもしろ人立「めだかの学校」（静岡県浜松市（旧引佐町））	p28
2-7 氷点下の森（岐阜県高山市（旧朝日村））	p30
その他の事例	p32
2-8 上村上町活性化委員会（長野県飯田市（旧上村））	
2-9 本町オリベイベント（岐阜県多治見市）	
2-10 祭り街道の会（旧国道ネーミングの会）（長野県阿南町）	

漁業を活かした離島観光

2-1 47号：2006年秋

明治百年通り構想（秋田県小坂町）

鉱山の近代化遺産を活かした観光交流のシンボルロード

小坂町役場産業課農林班の近藤 肇さん（左）。「近代化遺産を活かしたハード整備と、町民主体のソフト事業をうまく組み合わせていきたいです」同建設班の相馬一之さん（右）。「ボランティアの会は、どんどん自発的に意見が出てくるのでやりがいがあります」

鉱山のまちの盛衰

　秋田県小坂町は青森県との県境に位置し、十和田湖を有する観光のまちであるとともに、明治時代に日本を代表する鉱山として栄えた歴史を持つ、人口約7千人のまちです。

　鉱山の全盛期であった明治40年頃には鉱産額が日本一を誇り、まちには約3万人が住んでいたといわれています。また、電気や電話も秋田県内で一番早くに開通し、時代を先取りした近代的な洋風建築も数多く建てられました。明治38年に建てられた小坂鉱山事務所や、明治43年に建てられた現存する日本最古の木造芝居小屋「康楽館」などはその代表例といえます。

　しかし、資源の枯渇や急激な円高などの影響を受けて、昭和60年代に鉱山は閉山し、町全体の活気は失われていきました。かつて人々の娯楽施設としてにぎわっていた康楽館も、芝居の公演はなく、建物は老朽化して取り壊されかねない状態になっていました。

近代化遺産の再生

　「康楽館で再び芝居を」と願う関係者や町民の熱意を受けて、町では所有者である鉱山企業から康楽館を無償で譲り受け、昭和60～61年にかけて大規模な改修工事を行いました。そして、これをきっかけに、近代化遺産を活かした観光のまちへの脱皮を始めました。

　康楽館が面する通りを来館者が楽しく散策できるように、平成2～7年にかけて建設省（当時）の「マイロード事業」を活用して、アカシア並木や煉瓦歩道などを整備しました。

　平成3年の小坂町総合計画では、この通りを「明治百年通り」と名づけ、明治のハイカラなイメージが漂う観光交流のシンボルロードとして位置づけました。

　平成8年には、当時鉱山地区にあった旧小坂鉱山事務

康楽館ののぼり旗がずらりと並ぶ明治百年通りの入口

フラワーハンギングバスケットが通りに彩りを添えます

広々とした煉瓦歩道とアカシア並木の木陰が続きます

DATA

これまでの実績

昭和60年	康楽館が所有企業から小坂町へ無償譲渡される	平成9～10年	旧小坂鉱山事務所の解体工事
昭和61～62年	康楽館の大規模改修	平成10年	旧小坂鉱山事務所が建築基準法第3条の適用を受ける（文化財に指定された建築物に対する特例措置）
昭和61年	康楽館が秋田県有形文化財の指定を受ける	平成10～12年	旧小坂鉱山事務所の移築復原工事
平成2～7年	マイロード事業を活用したアカシア並木や歩道などの整備	平成13年	旧小坂鉱山事務所がオープン
平成3年	小坂町総合計画で「明治百年通り構想」を打ち出す	平成13～14年	旧聖園マリア園を修復し、天使館と命名
平成8年	鉱山地区の旧小坂鉱山事務所を明治百年通りへ移築することが企業と小坂町の協議により決定	平成14年	康楽館と旧小坂鉱山事務所が国重要文化財に指定される
平成9年	旧小坂鉱山事務所を町有形文化財に指定	平成15年	天使館が国有形文化財に登録される 町民に呼びかけてクリスマスローズの苗を明治百年通りに植栽
		平成16年	フラワーボランティアの会が発足

問い合わせ：小坂町産業課建設班　〒017-0292　秋田県鹿角郡小坂町小坂鉱山字尾樽部37-2
TEL：0186-29-3910　FAX：0186-29-5481　http://www.town.kosaka.akita.jp/

現存する日本最古の木造芝居小屋「康楽館」では、現在も毎日常設公演が行われています

康楽館は和洋折衷のデザインが特徴です

所を明治百年通りに移築復原することを決定し、建設省（当時）の「街並みまちづくり総合支援事業」を活用して工事を進めました。

工事の途中段階では、古い建物にお金をかけることについて、町民たちから冷ややかな目で見られることもありましたが、見事な外観が見えてくるにつれ、世論は好意的な方向に変わっていきました。

町民の誇りと参加

旧小坂鉱山事務所は平成13年に公開され、その価値ある建築様式や鉱山の歴史文化を紹介しています。また平成13～14年にかけては、明治百年通り沿いにあった昭和7年建築のカトリック保育園を改修し、町民の交流の場「天使館」として整備しました。そして康楽館では毎日常設公演が行われ、年間10万人近くが訪れるようになりました。

こうして小坂町の近代化遺産は、ただ保存されるだけでなく「活用される文化財」として、人々に親しまれています。

植栽作業を行うフラワーボランティアの会の皆さん

小坂町の重要な観光資源である十和田湖

平成15年9月、近隣の種苗家から無償で提供されたクリスマスローズの苗450株を明治百年通りに植栽するため、町民に参加を呼びかけたことがきっかけで、花の植栽・管理などを行う「フラワーボランティアの会」の活動が始まりました。

会のモットーは「楽しくやろう」で、約120名の会員が、町内外の企業から苗や資材などの無償提供を受けながら活動しています。クリスマスローズは今では約5,000株に増え、ほかの花の植栽も積極的に行われています。

この町の近代化遺産が建ち並ぶシンボルロードが、町民たちの誇りと愛着によって花いっぱいになり、訪れる人との新たな交流が生まれていくことでしょう。

鉱山の全盛期に建てられ、平成9年まで現役事務所として利用されていた旧小坂鉱山事務所

旧小坂鉱山事務所の館内にあるレストラン「あかしあ亭」

かつてのカトリック保育園を修復利用している天使館。町民の多目的ホールなどがあります

2-2 46号：2006年夏
大地の芸術祭と里山回廊（新潟県越後妻有地域）

里山のアートが呼び起こす共感と協働による地域再生

大地の芸術祭実行委員会事務局長の小堺定男さん。「今年の見どころは、廃校や空き家を利用した作品が多いということです。ぜひ越後妻有へお越しください」

広域連携による三年大祭

　新潟県南部に位置する越後妻有地域は、盆地を流れる信濃川と背後の山々、入り組んだ谷沿いの棚田と点在する集落など、里山の多様な風景が広がる中山間地域です。

　世界有数の豪雪地帯であるこの地域は、魚沼産コシヒカリの産地としても知られ、人口は約7万4千人、65歳以上が人口の約3割を占める高齢化地域でもあります。

　2000年の夏、この地域で「大地の芸術祭 越後妻有アートトリエンナーレ2000」が開催されました。この芸術祭は、新潟県の「ニューにいがた里創プラン」に基づく、地域の6市町村※の連携による地域振興プロジェクト「越後妻有アートネックレス整備事業」の一環であり、760km²にも及ぶ広大な里山を舞台とするアート作品づくりを通じて、自然と深く関わってきたこの地域の生活・文化の再発見を目指すものでした。

　トリエンナーレとは3年に一度開催される美術展のことで、第1回の後も、地域の広域事務組合の中に実行委員会が継続して設置され、2003年に第2回、2006年の7〜9月にかけて第3回が開催されました。

※2005年4月に十日町市・川西町・中里村・松代町・松之山町が合併し、現在は2市町（十日町市、津南町）

地域と深く関わる作品づくり

　芸術祭が計画された当初、地元住民からは、全くなじみのない現代アートが自分たちの集落で展開されることに対する反発もありました。

　しかし、作家たちが地域の風土を深く理解し、表現しようとする中で、住民たちにも次第に共感が生まれ、回を重ねるごとに作品づくりに積極的に協力する人が増えてきました。

　芸術祭の準備には2年を要します。実行委員会によ

棚田とアート作品を背景に繰り広げられるダンス公演

ブナの林床に2万本ものビーズの花が咲く『こころの花―あの頃へ』（2006）。住民との協働制作です

棚田の縁に陶製ブロックの壁が続く『風のスクリーン』（2006）の制作風景（上）。大勢の「こへび隊」が活躍（下）

DATA

大地の芸術祭 越後妻有アートトリエンナーレ2006 開催概要
- 会期：2006年7月23日（日）～9月10日（日）50日間
- 会場：越後妻有2市町（十日町市、津南町）760km²
- 主催：大地の芸術祭実行委員会
- 総合ディレクター：北川フラム
- パスポート：一般　3500円、
  高校生・大学生・シルバー（65歳以上）2500円、
  ジュニア（小中学生）800円
- 個別鑑賞券：各300円（例外あり。詳細は実行委員会へ）

問い合わせ：大地の芸術祭実行委員会　〒948-0082　新潟県十日町市本町2丁目
十日町市本町分庁舎十日町市観光交流課芸術祭推進室内
TEL：025-757-2637　FAX：025-757-2285　http://echigo-tsumari.jp/

これまでの実績
【来場者数】
2000年　約16万人、2003年　約20万人、2006年　約35万人
【参加アーティスト】
2000年　32ヶ国、148組
2003年　23ヶ国、157組
2006年　40ヶ国、203組
【おもな受賞歴】
・ふるさとイベント大賞（総務大臣表彰）［2002年］
・地域づくり総務大臣表彰［2005年］
・ふるさとづくり賞 振興奨励賞［2005年］
・JTB交流文化賞優秀賞［2007年］

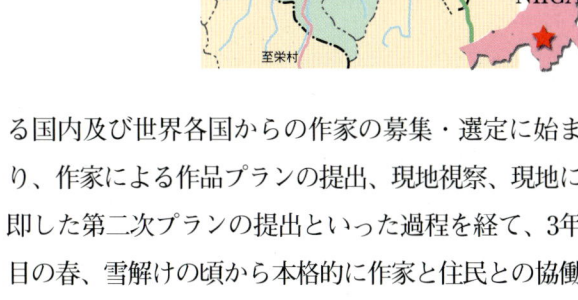

住民との協働制作による『棚守る竜神の御座』（2000）は、2006年に、豪雪で傷んだ木材を交換して「棚守る竜神の塔」として全面的にリニューアル

旧バス停を憩いの空間に改装した『ミルタウン・バスストップ』（2000）も、「こへび隊」がリニューアル作業中

空き家の柱や壁を彫刻刀でひたすら彫って"再生"中の『脱皮する家』（2006）

豪雪の中、たくましく咲き続ける花を表現したオブジェ『花咲ける妻有』（2003）

越後妻有の伝統家屋をモデルにした『光の館』（2000）では、屋根がスライドして部屋から青空を仰ぐことができます

青空に向かってまっすぐ伸びる『○△□の塔と赤とんぼ』（2000）

る国内及び世界各国からの作家の募集・選定に始まり、作家による作品プランの提出、現地視察、現地に即した第二次プランの提出といった過程を経て、3年目の春、雪解けの頃から本格的に作家と住民との協働による作品づくりが進められ、夏の芸術祭を迎えます。

作品の一部は芸術祭の閉幕後も「恒久作品」として残されており、現在も160点以上の作品が、四季を通じて越後妻有の風景になじんでいます。

交流の広がりと今後の展望

「こへび隊」をはじめとするサポーターも、この芸術祭に欠かせない存在です。彼らは、作品づくりを手伝いに、首都圏や新潟県内をはじめ各地から集まってきます。サポーターは主に大学生が多いのですが、定年退職したシニアも次第に増えつつあります。

実行委員会では、こうしたサポーターや作家と住民の協働作業を支援するとともに、対外的な広報活動や資金調達なども行っています。

現状の課題としては、予算が公的資金によるところが大きいため、年度を越えた柔軟な運用ができないことです。今後はチケット収入や企業の協賛金などによる自主運営に移行していくことが望ましいと実行委員会では考えています。また、地域を訪れる人の増加に対応して、案内板の充実や、駐車場・交通手段などの確保も重要となっています。

この地域は、「越後妻有里山回廊」として、2007年に国土交通省の「日本（にっぽん）風景街道」のルートにも登録しました。また、2009年には第4回大地の芸術祭を開催することが決定し、それに向けた準備も進めています。多くの人々がアート作品を探しながら里山の風景を楽しみ、地元住民と交流を深める中で、この地域がもっと元気になっていくことが期待されます。

人が行き交う観光・交流の地域づくり

2-3 46号：2006年夏
漁業を活かした離島観光（愛知県南知多町日間賀島）

漁業と観光が一つになった共生の心による島おこし

国土交通省の「観光カリスマ」にも認定された中山勝比古さん。「一人ひとりが生かされるように、地域全体で支えあうことが大切だと思います」

島の恵みとハンディ

　愛知県知多半島の南端、師崎港の沖合2kmに位置する一周約5.5kmの日間賀島。

　この島では、漁業と観光業を融合したさまざまな取り組みを展開し、島全体の活性化につなげています。

　もともと日間賀島は漁師の島であり、伊勢湾と三河湾にまたがる良好な漁場でとれる豊富な魚介類が島の暮らしを支えてきました。しかし高度経済成長以降、漁業だけでは安定した生活が難しくなり、島外へ人口が流出するようになりました。

　危機感を持った当時の漁協では、その解決策として冬場の海苔養殖を始めました。また、主婦の働ける場所を観光業に求め、海水浴場などのインフラ整備で支援しました。そして、「イルカに会える島」などの企画により、島は次第に観光地としてにぎわうようになり、雇用も増えました。

　しかし、観光業の価格競争が進むなかで、離島というハンディによるコスト高は避けられず、日間賀島特有の魅力がないと観光業の将来も厳しい状況になりつつありました。

たこの島、ふぐの島

　「島の暮らしになじみの深い"たこ"を観光に活かせないだろうか」

　島で旅館を経営していた中山さんがアイデアを思いついたのは、20数年前のことでした。

　島には、島の氏仏・章魚阿弥陀様と大だこにまつわる民話「たこあみだ」があり、毎年正月に干だこをお供えする慣習があるなど、たこは島の人々の暮らしに根ざした存在でした。

　そこで中山さんは、たこのキャラクターをデザインし、包装紙やグッズをつくるとともに、島の人々に呼びか

日間賀島へは知多半島の師崎港から高速船で10分。港に着くとたこのモニュメントが出迎えてくれます

●さまざまな自然体験漁業を楽しみに、多くの子どもたちが島を訪れます

海辺でたこのつかみどり

魚の干物やたこせんべいづくりにも挑戦

DATA

自然体験漁業プログラム

漁業を体験
- たこのつかみどり
- 地引き網漁
- 底引き網漁
- キス網漁
- 干物づくり
- たこせんべいづくり

自然と楽しむ
- オリエンテーリング
- レンタサイクル
- お寺で聞く法話と民話
- 漁船クルージング

海釣りを習う
- 海釣りと遊覧
- 堤防釣り

食事を楽しむ
- バーベキュー

民話「たこあみだ」のあらすじ

その昔、大地震で日間賀島と佐久島の間の大磯にあった筑前寺の本尊様が津波で流されてしまい、村人がいくら探しても見つかりませんでした。しかしある日、漁師のたこ壺の中から大だこに抱かれた本尊様が発見されました。本尊様は、体を張って助けてくれたお礼として、たこの大好物のアサリとカニを島周辺に呼びよせ、それ以来、島で海の幸がたくさん採れるようになったそうです。

問い合わせ：日間賀島観光協会　〒470-3504　愛知県知多郡南知多町日間賀島　TEL：0569-68-2388　FAX：0569-68-2683　http://www.himaka.com/
中山勝比古さん（日間賀観光ホテル）　TEL：0569-68-2211　FAX：0569-68-2212

人が行き交う観光・交流の地域づくり

けて、お土産品の販売、旅館・民宿でのたこ料理など、「たこの島」としてのイメージを島全体に浸透させました。その結果、日間賀島は「たこの島」として多くの観光客が訪れるようになりました。

さらに、当時閑散期であった冬の観光客を増やすため、島周辺で豊富にとれる「ふぐ」に着目し、「ふぐの島」としても売り出すことにしました。

10年ほど前に鉄道会社と連携して「ふぐづくし」を企画し、集客に成功。次第にふぐ料理を出す旅館・民宿が増える中で、ふぐの本場・下関から講師を招くなどしてレベルアップを図り、今では冬場にも多くの観光客が訪れています。

体験型観光の展開

さらに近年では、漁師の全面的協力を得ながら、島本来の産業である漁業や、漁師の暮らしそのものを活かした体験型観光として、海釣りやたこのつかみどり、地引網や干物づくりなどのメニューを充実させています。

これらの企画は、愛知県や岐阜県などの小・中学校へのパンフレット配布や、旅行代理店との連携による宣伝が効果を上げ、今では多くの子どもたちが体験学習で島を訪れるようになりました。

また、自然の中で生きる力を都会の子どもたちに身につけてもらおうと、ライフセーバー教室やインストラクターが指導するキッズアドベンチャーなどを行っています。

「日間賀島の良いところは、島全体を良くするために自分は何ができるか、ということを考える土壌があることです。こうした共生の精神で、これからも漁業と観光業が一つになり、島が活性化していくといいと思います」と語る中山さん。今後は、健康や癒しをテーマに新しいビジネス展開を考えているそうです。

日間賀島周辺の海は魚介類が豊富で、昔から漁業が盛んです

自然の中で生きる知恵を楽しく学ぶキッズアドベンチャー

ボディボードを使ったライフセーバー教室

島には古くから伝わる「たこあみだ」という民話があります

道路のマンホールにも、たことふぐが登場

2-4 42号：2005年夏

大道芸ワールドカップin静岡（静岡県静岡市）

文化の行き交うまちで市民がつくるアートの世界大会

大道芸ワールドカップ実行委員会の甲賀雅章さん。「単なるイベントではなく、まちを劇場空間とし、文化が行き交う場にしていきたいです」

人が行き交う観光・交流の地域づくり

人の集まるまちづくり

　平成15年4月に清水市と合併し、その後政令指定都市となった静岡県静岡市。ここで毎年、全国的にも有名なイベント「大道芸ワールドカップin静岡」が開催されています。

　静岡市では、平成3年からの第7次総合計画で「人の集まる街づくり」をテーマに掲げ、新しい事業を展開するために市民による検討委員会を設置しました。当初は、美術館等のハード整備も検討されましたが、新たな街づくりの手法として、ソフト面からの活性化を目指すことになり、他に類のない新しい静岡の文化をつくろうと、野外でのパフォーミングアートをテーマにしたイベント「大道芸ワールドカップin静岡」を開催することになりました。

　この大会は、静岡駅前から駿府公園を中心にした市街地一帯を会場に、世界各国の様々なジャンルのパフォーマーが技を競うもので、第1回大会で、すでに110万人もの観客があり、現在は200万人を超えるようになっています。

市民主体のイベント

　この大会の大きな特徴の1つは、イベント会社等のプロに頼らず、市民が主体となって制作するイベントであるということです。開催にあたっては、市民ボランティアによる実行委員会を組織し、年間を通して企画から実施までの活動を行っており、大会当日には約700名のボランティアが運営を手伝います。また、地元の商店街も、演技ポイントでの観客の整理・誘導、関連グッズの販売等に協力しています。告知用のチラシやポスターは、地元のデザイン専門学校とのインターンシップ事業により生徒がデザイン、プレゼンし、実行委員会とともに作成していま

世界各国からパフォーマーが集まり、市街地一帯に点在する演技ポイントで大道芸世界一の技を競います（左：1993年チャンピオン、右：1995年チャンピオン）

ユーモラスな衣装と演技で商店街が笑いに包まれます

プラハ出身の少年の見事なボールさばきに目が離せません

一見普通のサラリーマンが醸し出す不思議な世界が観客を魅了します

DATA

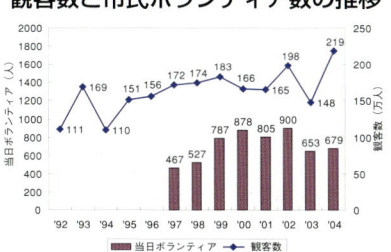

観客数と市民ボランティア数の推移

日程：10月31日(金)、11月1日(土)、2日(日)、3日(月・祝) 2008年大会
部門等
① **ワールドカップ部門** 大道芸の世界一を競うコンペティション部門。世界数十ヶ国・数百組の中から選ばれたパフォーマーが出場します。
② **オン部門** 順位は競いませんが、国内外から選ばれたパフォーマーが、個性ある素晴らしいパフォーマンスを披露します。
③ **オフ部門** 国内外のパフォーマーが、自主参加でパフォーマンスを行います。近年は他部門への登竜門にもなっています。
④ **スペシャルパフォーマンス** 前年度チャンピオンの演技や、夜のスペクタクルショーなど、他部門とは違う視点で招待したパフォーマーの演技を披露します

問い合わせ：大道芸ワールドカップ実行委員会 事務局 〒420-0034 静岡市葵区常磐町1-8-6 アイワビル6F
TEL：054-205-9840　FAX：054-251-1286　http://www.daidogei.com/

人が行き交う観光・交流の地域づくり

　パフォーマーの演技を審査するのも、公募で選ばれた市民です。「あなたが千円持っていたら、その演技にいくら投げ銭をしますか？」ということで、千点満点で審査する「投げ銭方式」となっています。

　さらに、誰もが参加し、楽しめるように、車いすの貸し出しや、視覚障害者のための実況中継、授乳所・おむつ交換所の設置などのバリアフリー対策、ゴミの持ち帰りをはじめとしたマナー向上運動にも積極的に取り組んでいます。

文化の行き交うまちに

　海外の一流パフォーマーに参加してもらうため、実行委員会では直接海外に出向いて趣旨を説明し、参加を要請していますが、回を重ねるごとにパフォーマーの間での認知度も上がり、今では直接出場を希望するパフォーマーも国内外で200組を超えるようになりました。実行委員会プロデューサーの甲賀さんによると、もともと静岡市民の気質は「ノリが悪い」ことで知られていたそうですが、街角で「何気なく目にする」パフォーマンスを観るなかで、次第に目が肥えていき、パフォーマンスに笑い、驚き、惜しみない拍手を送るようになりました。

　多くの来場者を得て、全国的にも評判が高まっている「大道芸ワールドカップin静岡」ですが、規模の拡大による実行委員会の負担増や、財源の確保等の新たな課題も生じています。現在、イベントにかかる費用は、市からの助成や企業からの協賛金、グッズ販売、ドネーション等により賄われていますが、今後は新たな財源を確保する必要があると、実行委員会では考えています。演技する場所を増やして回遊性を高め、より国際交流や静岡文化の創造につながるイベントにしていくため、チャレンジはこれからも続きます。

総合受付や会場内の道案内に、市民ボランティアが活躍しています

行き交う人々に笑顔を振りまくクラウン（道化師）も市民ボランティアです

ゴミの分別などのマナー向上のために、天使の羽をつけて「まちを大切にする」思いを伝えるスタッフたち

2-5 38号：2004年夏
美濃和紙あかりアート展（岐阜県美濃市）

うだつの町並みを舞台とした住民による手づくりイベント

美濃市観光協会専務理事の田内 修さん（右）。「美濃はスローライフの似合うまちです。ぜひ一度ゆっくり訪れてみて下さい」美濃和紙あかりアート展実行委員会実行委員長の 蒲 幸康さん（左）。「実行委員会とボランティア、みんなで力を合わせて頑張ります」

うだつの町並みを舞台に

　岐阜県の中南部に位置する美濃市。1,300年の伝統を誇る美濃和紙の産地として有名で、江戸時代には長良川の水運を利用した物資集散の拠点としても栄えました。美濃和紙は、戦後の生活様式の変化などにより産業としては衰退し、現在では約20戸の紙すきの家が残るだけですが、昭和60年に国の伝統的工芸品に指定されるなど、市の文化的シンボルとして今日も重要な役割を果たしています。

　市の中心部には、「うだつ」といわれる小高い防火壁が屋根の両端に上がった特徴的な町並みがあり、江戸時代からの情緒を今に伝えています。町並みは、東西方向に伸びる二筋の街路と、これを結ぶ南北方向の四筋の横丁からなる「目の字型」の町割りが特徴で、平成11年には、町割り全体が国の重要伝統的建造物群保存地区に指定されています。

　この「うだつの町並み」を舞台に、伝統の美濃和紙を使って創作した「あかりオブジェ」を展示する「美濃和紙あかりアート展」が毎年開催されています。夕闇の中、和紙を通した柔和なあかりが歴史ある町並みを照らす光景は、非常に美しく幻想的な雰囲気にあふれています。

市民手づくりのイベント

　このイベントが初めて開催されたのは平成6年のことでした。前年に美濃市観光協会が策定した観光基本計画のアクションプログラムの第1弾として、美濃市制40周年記念事業に併せて開催されたのです。美濃市の特色である「美濃和紙」と「うだつの町並み」を融合させて全国に発信することで地域の活性化を図ろうというのが、イベント開催の大きな目的でした。

　イベントの企画運営は、市民有志による実行委員会を中心に進められています。実行委員会では、より多

うだつの町並みを照らす柔らかい和紙のあかり。幻想的な空間が浮かび上がります

「こんにちは〜！」当日の受付は、市民ボランティアが担当します

受付後、作品を持って会場へ向かう出展者。「私たちの作品の場所は…」

屋根全面に「起り」をもつ美しい景観が特長の小坂家住宅（国指定重要文化財）

町並みの中にある美濃市観光協会の建物（番屋）の前には、事務局が設置されます

人が行き交う観光・交流の地域づくり

DATA

平成16年度の開催概要

応募料：[一般部門] 1作品につき1,000円
　　　　[小中学生部門] 無料
賞：　[一般部門] 美濃和紙あかりアート大賞 等
　　　[小中学生部門] 小中学生部門大賞 等
　　　※優秀作品は愛・地球博に展示予定
応募締切：平成16年9月1日（水）※当日消印有効
審査：平成16年10月9日（土）
発表：平成16年10月10日（日）

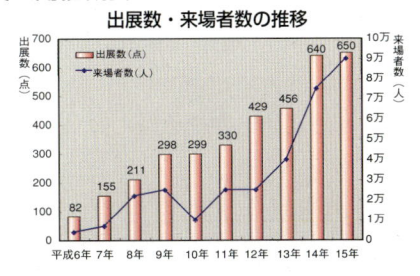

問い合わせ：美濃市観光協会　美濃和紙あかりアート展実行委員会　〒501-3726　岐阜県美濃市加治屋町1959-1
TEL：0575-35-3660　FAX：0575-35-3673　E-mail：info@minokanko.com　http://www.minokanko.com/

出展数・来場者数の推移（平成6年〜15年）：82, 155, 211, 298, 299, 330, 429, 456, 640, 650

美濃和紙あかりアート大賞　木漏陽（こもれび）

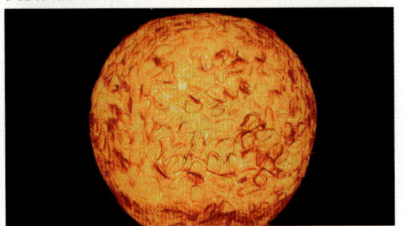

美濃和紙あかりアート賞　こころ灯

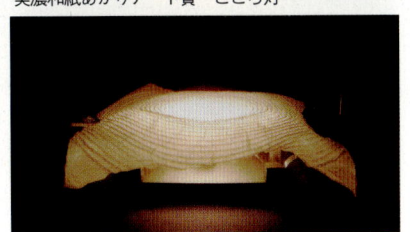

美濃和紙あかりアート賞　波紋
【第10回美濃和紙あかりアート展より】

もともと隣家からの飛び火を防ぐため、屋根の両端に小高く築き上げられた「うだつ」は、のちに富の象徴となりました

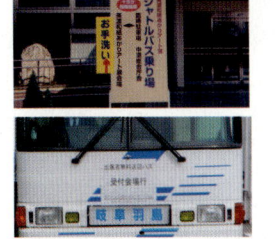

渋滞対策として、会場へは市内の臨時駐車場（中濃総合庁舎等）からシャトルバスが運行されています

人が行き交う観光・交流の地域づくり

くの人に出展してもらえるように、作品はプロ・アマ・国籍・年齢を問わず誰もが応募可能とし、応募条件を満たす作品は事前審査なしで全て会場に展示することにしました。また、出展者にも会場となる「うだつの町並み」を訪れてもらえるように、搬入搬出は出展者自身が行うことを原則としました。

イベント当日には、地元の中学生や高校生をはじめとする各種ボランティアが受付や駐車案内を行い、展示会場では、夜露から作品を守るために沿道の民家に作品の保管をしてもらうなど、多くの市民が積極的に参加する手づくりのイベントとなっています。

高まる人気と新たな課題

イベントの出展数・来場者数は回を重ねるごとに増加しています。平成12年に岐阜県知事賞、平成14年に国の「ふるさとイベント大賞総務大臣賞」を受賞して知名度が向上したこともあり、平成15年の第10回には出展数650、来場者数90,000人にもなりました。

平成17年には、愛知県で開催された愛・地球博に、このあかりアートを出展しました。開催期間中、39点の作品を会場内の日本庭園周辺に展示し、全国から訪れる来訪者にアピールしたことにより、町並みを訪れる観光客も多くなり、美濃市の観光PRに大いに貢献しています。また、平成17年8月には、検討を進めていた常設展示を実現する「美濃和紙あかりアート館」が、町並み散策の拠点施設としてオープンしました。平成19年に開かれた第14回のあかりアート展は、晴天に恵まれたこともあり、来場者数は約13万5千人と最大の人出で賑わい、出展数は約500になりました。全国的にも知られるイベントとなり、地域住民による手づくりイベントとなったあかりアート展は、さらなる地域の活性化に向けた新たな取り組みが期待されます。

2-6 33号：2003年春

おもしろ人立「めだかの学校」（静岡県浜松市（旧引佐町））

全国から続々と集まる人、人、人
異文化・異人種交流の場

めだかの学校の「言い出しっぺ」、榊原幸雄さん。「遊び心とけじめを持って、人生前向きに楽しもう」

誰が生徒か先生か

「人や自然を心から大切にする人間であるためには、時には先生になり、時には生徒になっておもしろおかしく学ぶ」という「建学のこころ」を掲げる「めだかの学校」の生徒は、実に多彩です。静岡県内からの参加者だけでなく、東海地方、南は九州、北は関東圏や東北からも生徒がやってきます。開校は3ヶ月に一度、金曜の夜6時20分からと決まっているため、休暇を取り泊りがけで駆けつける生徒もいます。これほどまでに人を呼び寄せる求心力を持つめだかの学校の魅力は「真面目に遊ぶ」建学のこころにあります。

自分を磨き高めようという自己研鑽があり、好奇心、遊び心に溢れた人たちが集まって「真面目に」その日の授業を受けます。ただし、授業の内容も教える先生も直前までわかりません。先生になる本人すら知らないのです。先生と授業内容は、校長、教頭、用務員の三役を中心とした職員会議で決められます。例えば今回は人間の体についての勉強をしよう。それならば科目は保健体育だ。その知識に長けているのはあの生徒だから先生は彼でというような形で決められ、「学校開校のご案内」が届いて始めて自分が先生だと知る事になります。指名を受けた後の辞退は許されていません。それは、建学のこころに反するからだそうで、断った場合は退学になってしまいます。一見、厳しく感じられるかもしれませんが、この「誰が生徒か先生か」わからないことがめだかの学校の魅力です。

「先生」のお話を熱心に聞く「生徒」たち（「先生」の役は毎回入替わります）

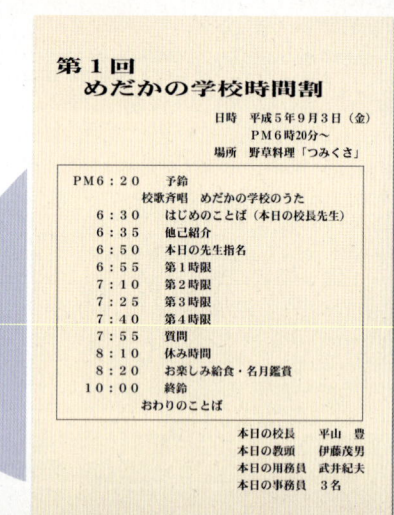

第1回（平成5年9月3日）の時間割
学校の歩みはここから始まりました

建学のこころの実践

めだかの学校は平成5年9月に開校しました。当日は暴風雨であったにもかかわらず、57人の生徒が集まったそうです。建学のこころにある「おもしろおかしく」学び、「もう一人の私」を発見し、「もう一人のあなたを発掘」することにより、ともに学ぶ喜びを享受し、人生を楽しく送ろう。この目的を果たし、卒業していく人もいれば、翌年、再入学する人もいます。学ぶ内容は実に様々です。陶芸、

おもしろ人はイベントもやります
（民族歌舞団ほうねん座「お祭りキャラバン」の招待公演）

DATA
おもしろ人立「めだかの学校」の活動概要

● 経緯

平成5年9月	おもしろ人立「めだかの学校」設立	平成17年8月	都田川水源祭り＆菜の花プロジェクト開催
平成6年11月	「静岡未来づくりネットワーク」加盟	平成17年9月	同ダム湖の野外ステージ周辺の草刈りと菜の花の種子まき
平成7年2月	阪神淡路大震災のチャリティコンサート開催	平成17年12月	開校50回を記念して"山から降りて町で"パーティ形式による記念授業」
平成11年6月	「チェアアップ・ジャズライブ」開催		
平成11年10月	「足あとを残そう！フラメンコライブ」開催	平成18年6月	めだかの学校「高知県・ごっくん馬路村」視察と四国のおもしろ町とおもしろ人を訪ねての遠足
平成13年12月	民族歌舞団ほうねん座「お祭りキャラバン」公演開催		
平成15年1月	群れて遊ぶ10周年同窓会開催	平成18年8月	「都田川水源まつり」開催
平成15年2月	学舎をいなさ自然休養村「つみくさ」から観音山みどりの郷キャンプ場へ移転	平成18年10月	都田川ダム湖菜の花プロジェクトによる野外ステージ周辺の草刈りと菜の花の種子まき
平成16年8月	めだかの学校課外授業　都田川ダム湖「いなさ湖」での「第1回いなさ湖水源まつり」開催		

問い合わせ：〒438-0105　静岡県磐田市家田529-20　TEL&FAX：0539-62-6691
代表者　榊原幸雄

給食当番は責任重大　エプロン姿で頑張ります

校長、教頭、用務員の三役（こちらも毎回入替わります）

10周年同窓会で思い出を語る初代校長の平山さん

全国から集結したおもしろ人による校歌斉唱

自然、スローライフ、エコライフ、ジャズ、フラメンコ等々、これまでに、授業で取り上げたものは数え切れません。

この14年間で学校に関わった人は約700人を数え、60名程度から始まった学校も平成18年度には170名の生徒が入学（継続含む）しました。入学には在校生2人の推薦が必要です。入校してからも、随時テーマを変えた「100文字の提言」という論文の課題提出等があります。テーマは、授業で取り上げたいことや21世紀に残したいもの、学校を離れた日々の生活で感じたことなど、幅広く奥深い内容です。「おもしろおかしく」というのは、馴れ合いや不躾を許すということではなく、あくまでも学校での交流を通じて自分を磨き、おもしろいことを発見することです。イベントが発案されればメンバー同士が協力しながら、地域の人も巻き込んで人の和を広げていきます。求心力で引き付けられた人々が、交流を重ねることによって遠心力となり、それぞれの地域で力を発揮する。めだかの学校を卒業していったメンバーには、各地域のリーダーに成長した人もたくさんいます。

学校運営と15年史の編纂

授業は1日3時限、1時限20分です。授業の前には用務員さんが予鈴を鳴らし、校歌斉唱をします。授業が終わると給食当番が作った食事をみんなで食べます。

「めだかの学校」は平成19年9月には設立15周年を迎えました。「大同窓会」のほか、記念事業「地域づくり全国面白人交流大会inめだか」や「文化展」、15周年記念誌の編纂など、めだか生だけでなく、多くの人も巻き込んで楽しい企画を検討しています。

現在は環境学習にも力を入れています。学舎近くの都田川ダム湖を拠点に環境と文化と人づくりを目指して、都田川水源祭り＆菜の花プロジェクトを立ち上げ、都田川の上下流（浜名湖は都田川）の一体化した保全活動の必要性を訴えています。

人が行き交う観光・交流の地域づくり

2-7 14号：1998年冬

氷点下の森（岐阜県高山市（旧朝日村））

氷点下の環境の中
「氷」をキーワードにした地域づくり

氷点下の環境を逆手にとった「氷点下の森」づくり

「氷点下の森」は、昭和46年より、秋神温泉旅館のご主人・小林さんが制作し始め、今では全国的に知られる飛騨高山朝日地域を代表する冬の風物詩です。氷点下の森氷祭りは、平成19年2月10日には32回目の開催となりました。平成17年2月に朝日村と高山市が合併してからは、飛騨高山の新たな冬の観光名所として、行政と地域住民が一体となって取り組まれています。

氷点下の気温の中、穴をあけたホースで沢から水を引き、スプリンクラーのように水を噴出させます。噴き出た水は一瞬にして凍り、地上から天に向かって10～15mものびる逆向きのつららが何本もできます。これが氷の森の樹です。澄んだ水と空気、太陽によって昼間はブルーに輝き、夜になると七色の光線でライトアップがなされ、幻想的な世界が創出されます。以前は知る人ぞ知る催事でしたが、今ではすっかり冬の華やかな観光スポットとして有名になりました。

地域の一大イベント「氷祭り」

はじめは小林さんが一人でこの森を創り出していましたが、やがて村の若者たちが手伝うようになり、今では地域の様々な団体も協力するようになりました。毎年2月第2土曜日に開催される「氷点下の森氷祭り」では、地元住民が会場までの沿道沿いにクリスタルキャンドルを灯したり、町内会で今年の干支をモチーフにした雪像を制作したりと、地域一体となってイベントを盛り上げています。

森づくりを手伝う若者で組織する「氷点下の森

ライトアップされて幻想的な氷点下の森

氷祭りで伝統の獅子舞を披露

氷のステージの上で鳴り響く勇壮な朝日太鼓

DATA

氷点下の森

期　　間：毎年1月上旬〜3月下旬
　　　　　※ライトアップサービスは毎年
　　　　　　1月10日〜3月31日(夕暮れ〜9時30分)
場　　所：岐阜県高山市朝日町胡桃島秋神温泉
氷　祭　り：毎月2月第2土曜日に秋神温泉にて開催

【氷祭り実施主体】
　氷点下の森氷祭り運営委員会、氷点下の森を守る会

【氷祭りの来場者数の推移】
　平成11年　約5000人
　平成12年　約15,200人（四日間開催）
　平成13年　約6,000人
　平成14年　約6,000人
　平成15年　約4,500人（雨天の下で開催）

【平成15　第28回　氷祭り主な内容】
・厳立太鼓　　・雪の精めざめの式
・冬の花火　　・氷の森大様挨拶
・小鷹神社　獅子舞
・氷の太陽とライトアップ（池野氏演奏）

問い合わせ：岐阜県高山市役所朝日支所（旧 朝日村役場）産業振興課
　　　　　TEL：0577-55-3311　FAX：0577-55-3217

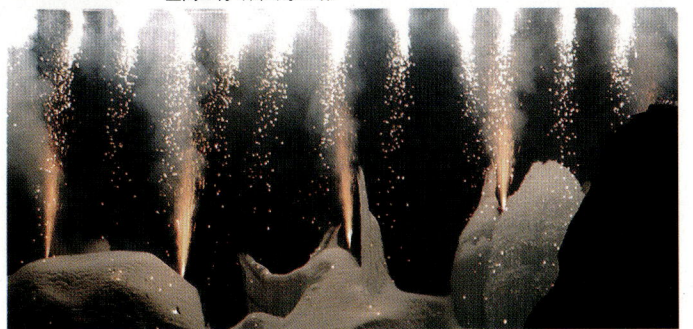

昼間は青く輝く氷の森

花火の迫力を堪能できる雪上の花火（観客は感動のあまり、空を見上げたまま何故か笑ってしまう）

幻想的なアイスキャンドルの灯

を守る会」、商工会や婦人会などの団体が参加する「氷祭り運営委員会」などが祭りを盛り上げ、昔から地域に伝わる獅子舞や朝日太鼓のサークルも芸を披露し、祭りの目玉である「冬の花火」が打上げられます。またバザーの出店を、近隣市町村にも呼びかけており、氷祭りは地域間交流のイベントにも発展しています。

　祭り開催時には約5千人が朝日地区を訪れます（氷点下の森の期間中は延べ約1万人が訪れる）。小林さんの宿、それに周辺の民宿も冬の宿泊客が増加しました。

「氷」が地域活性化のキーワードに

　飛騨の冬の厳しい寒さという観光地としての不利な点を逆手にとり、地域資源として活用した取り組みであり、もとは一人の活動から始まったイベントが、今では全国的に幅広く知られるようになり、息の長い住民主導の取り組みとして注目を浴びるようになりました。平成18年3月には、地域おこしにつながる全国各地のユニークなイベントを表彰する「第10回ふるさとイベント大賞」で、見事「祭り・スポーツ部門賞」に選ばれました。凍るシャボン玉などのユニークなアイデアも人気で、自然を活かした芸術に多くの観光客が魅了されます。今ではすっかり住民の誇れるイベントとして定着した「氷点下の森」、暖冬の年は作業も大変とのことですが、住民みんなの頑張りでこれからも続けられていくことでしょう。

人が行き交う観光・交流の地域づくり

その他の事例

2-8　27号：2001年秋
上村上町活性化委員会（長野県飯田市（旧上村））

いにしえの道を切り開き、新たな交流を育む村づくり

　長野県飯田市にある上村上町地区は、かつて遠州と信州を結ぶ「秋葉街道」の宿場町として栄えた地域です。その歴史ある地区に賑わいを取り戻そうと、上町地区の有志で構成する上町活性化委員会が街道を復元し、新たな交流を生み出しています。街道の復元は、上町〜小川路峠間の約5.5kmで、平成12年に復元が完了しました。現在、飯田〜小川路峠間の整備を行っている飯田市上久堅地区と交流を深めており、イラストマップの共同作成やイベントへの参加協力などを行っています。さらに情報発信集団「愉快な仲間たち」の立ち上げなど、新たな交流が地区への賑わいを呼び戻そうとしています。

活性化委員会のメンバーによってきれいに復元された秋葉街道。かつてはこの道をたくさんの人馬が往来しました

問い合わせ：飯田市上村まつり伝承館　天伯
TEL　0260-36-2005　　FAX　0260-36-2005

2-9　20号：1999年夏
本町オリベイベント（岐阜県多治見市）

焼物の街の住民活動が創り出した、"芸のこころ"あふれる手づくりイベント

　多治見市は、古くから美濃焼の産地として発展してきたまちであり、「陶器まつり」は2007年で55回を数える伝統の祭典です。この観光客向けの陶器まつりを、地元の人々も楽しめるイベントにしようと、本町筋の女性が立ち上がり、「本町オリベイベント」が始まりました。特に、「まちかど大道芸」と「オープンカフェ」は、イベントの目玉として、来訪者の心をしっかりととらえています。現在では、「たじみ創造館」がオープンするなど、約10年でまちなみは大きく様変わりしました。本町筋だけでなく、他の地域でもまちづくりの気勢が高まり、オリベストリートは現在も広がり続けています。

大人から子供まで、大人気の大道芸。「オリベイベント」の売り物です

問い合わせ：多治見市役所　商工観光課
〒507-8703　岐阜県多治見市日ノ出町2-15
TEL　0572-22-1111　　FAX　0572-25-3400
E-mail：s-osa@city.tajimi.gifu.jp

2-10　16号：1998年夏
祭り街道の会（旧国道ネーミングの会）（長野県阿南町）

国道151号を「祭り街道」に民俗芸能で結ぶ広域ネットワークの試み

　愛知県と接する阿南町新野地区は、遠州街道をはじめとした幾筋もの街道が行き交う、東西交通の要衝地でした。そのため、本地区を含む三遠南信地域には、多くの民俗芸能が継承されています。この地域の魅力を活かそうと、新野地区の有志により結成された「国道ネーミングの会」では、151号沿いに点在する民俗芸能を結んだ「祭りで繋ぐ広域ネットワーク」を目指し、国道151号に愛称をつけようという取り組みが展開されてきました。この結果、平成11年に国土交通省から「祭り街道」という愛称の確認決定がおり、祭り街道を介した様々なイベントや企画が毎年行われています。

祭り街道盆踊りフェスティバル

問い合わせ：祭り街道の会　事務局
〒399-1612　長野県下伊那郡阿南町新野524
TEL　0260-24-2574（伊藤方）
阿南町役場建設課　TEL　0260-22-2141

人が行き交う観光・交流の地域づくり

3. 環境と共生する持続可能な地域づくり

3-1 渥美半島菜の花浪漫街道（愛知県田原市）	p34
3-2 路面電車の軌道緑化（高知県高知市）	p36
3-3 環境共生都市推進協会（京都府京都市）	p38
3-4 グリーンライフ21プロジェクト（岐阜県東濃西部地域）	p40
3-5 スマートレイク（長野県諏訪圏域）	p42
3-6 びわこ豊穣の郷（滋賀県守山市）	p44
3-7 穂の国森づくりの会（愛知県東三河地域）	p46
その他の事例	p48
3-8 あかばね塾（愛知県田原市（旧赤羽根町））	
3-9 風車のあるまち（三重県津市（旧久居市））	
3-10 桶ヶ谷沼に学ぶ（静岡県磐田市）	

路面電車の軌道緑化

3-1 48号：2007年冬

渥美半島菜の花浪漫街道（愛知県田原市）

環境と共生する地域づくり
菜の花でつながるネットワーク

田原市エコエネ推進室室長の渡辺澄子さん（右）。「美しい農村景観を守りながら、渥美半島に来てよかったと思える場所にしていきたいです」田原菜の花エコネットワーク理事長 の大羽幸雄さん（左）。「遊休農地を少しでも良くしていきたい。菜の花を通じた取り組みが、多くの方に浸透していくことを願っています」

エコ・ガーデンシティ構想

　愛知県南東部に位置し、平成の大合併により渥美半島のほぼ全域が市域となった田原市は、温暖な気候を背景に農業産出額が全国第1位を誇り、臨海埋立地を基盤とする製造品出荷額も全国第13位（県内第3位）と、バランスのとれた産業構造を持つ都市です。

　また、伊勢湾、三河湾、太平洋と三方を海に囲まれ、伊良湖岬や恋路ヶ浜などの豊かな自然環境に恵まれ、幕末の蘭学者・渡辺崋山ゆかりの城下町としての歴史、サーフィンのメッカとして知られる太平洋ロングビーチなど、多様な地域資源に恵まれています。

　そして、田原市のもう一つの特徴は、環境と共生する持続可能な地域づくりを積極的に進めていることです。平成10年度の「たはらエコ・エネルギー導入ビジョン」に基づく風力・太陽光などのエコ・エネルギーの導入促進をはじめ、平成15年度からは「たはらエコ・ガーデンシティ構想」に基づいて、7つのプロジェクトを進めています。

菜の花をキーワードに

　7つのプロジェクトの1つ「菜の花エコプロジェクト」では、遊休農地に菜の花を植えて土壌改良や景観美化を図るとともに、収穫した菜種を搾って菜種油をつくり、特産品や料理などに活用しています。そして、搾油時に出た油かすを肥料や飼料に、また廃食用油からつくったBDF（バイオ・ディーゼル燃料）を公用車やスクールバスなどに利用することにより、資源循環型の地域づくりを目指しています。

　プロジェクトの推進主体として、平成15年に自治会や農業委員会、商工会などで構成される「田原菜の花エコ推進協議会」が設立され、平成18年4月には発展的に「NPO法人田原菜の花エコネットワーク」

沿道に広がる菜の花は、渥美半島の冬の風物詩となっています

● 菜の花エコプロジェクト

幼稚園児も菜の花の種まきに参加しました

菜種油用の品種は、収穫後に搾油して菜種油をつくります

廃食用油からBDF（バイオ・ディーゼル燃料）をつくり、スクールバスや公用車に利用しています

● エコ・エネルギーの導入推進

三河湾や太平洋を一望できる蔵王山展望台にそびえる風力発電

太陽光発電のパネルが並ぶ住宅団地

DATA

たはらエコ・ガーデンシティ構想
〈7つのプロジェクト〉
・菜の花エコプロジェクト
・廃棄物リサイクルプロジェクト
・エコ・エネルギー導入プロジェクト
・省エネルギー推進プロジェクト
・コンパクトシティプロジェクト
・グリーン・ネットワークプロジェクト
・エコ・インダストリープロジェクト

菜の花畑の面積推移
平成15年度　約3ha
平成16年度　約6ha（31ヶ所）
平成17年度　約17.5ha（56ヶ所）
平成18年度　約25ha（67ヶ所）

問い合わせ：田原市環境部エコエネ推進室　〒441-3492　田原市田原町南番場30-1
　　　　　　TEL：0531-23-7401　FAX：0531-23-0669　http://www.city.tahara.aichi.jp/

道の駅「めっくんはうす」の近くの菜の花畑は、多くの観光客が立ち寄る人気スポットです

国道42号沿いの渥美サイクリングロードでも菜の花を楽しめます

●さまざまな地域資源

サーフィンのメッカ、太平洋ロングビーチ

渡辺崋山ゆかりの品々を収蔵する田原市博物館

島崎藤村の叙情詩「椰子の実」のモチーフとなった恋路ヶ浜

環境と共生する持続可能な地域づくり

が設立されました。

　遊休農地はもともと耕作条件の厳しい場所が多いため、菜の花をうまく育てるための試行錯誤が続いています。しかし、菜の花畑の面積は順調に増加しており、現在は渥美半島を周遊できる国道42号と259号沿いをはじめ、市全体で約25haになりました。菜の花には観賞用と菜種油用の品種があり、観賞用は12月から2月頃、菜種油用は3月から4月頃に花が咲くことから、冬から春にかけて、菜の花は渥美半島の風物詩となっています。

菜の花浪漫街道

　田原市では、国土交通省が進めている「風景街道」に「渥美半島菜の花浪漫街道」として応募しています。※

　この取り組みは、「菜の花エコプロジェクト」などを推進しながら、環境に配慮した美しい生活空間として、あるいは渥美半島の恵まれた自然・歴史・文化等の観光資源をつなぐ交流の場として道の役割を再生し、三遠南信地域、環伊勢湾地域における広域連携を深めるための重要な街道として再認識しようとするものです。

　平成18年早春には、観光協会、農協、地元住民などが協力して「渥美半島菜の花まつり」を開催し、冬の風物詩としての菜の花をアピールしました。期間中の来訪者は約15万人と、前年度の1.5倍の人出を得ることができました。毎年1月から3月に開催予定で、道の駅と連携したイベントなどが企画されています。これからも、環境と共生する地域づくりを実践しながら、渥美半島が一体となった交流・連携が進んでいくことが期待されます。

※平成19年11月1日、渥美半島菜の花浪漫街道は、風景街道中部地方協議会より風景街道として登録されました。

3-2 48号：2005年秋
路面電車の軌道緑化（高知県高知市）

地域性とコストに配慮した緑豊かな道路景観づくり

高知県土木部道路安全利用課課長の宮崎勝年さん。「今ある道路を、それぞれの利用者ニーズに合った『より使いやすい道路』に改善していくことが大切だと思います」

環境と共生する持続可能な地域づくり

クスノキから軌道緑化へ

南国土佐の高知市内を走る路面電車・土佐電鉄は、国内では一番長い営業路線（25.3km）を持ち、明治37年の開通以来、「土電」の愛称で広く県民に親しまれています。高知県では、この路面電車の軌道緑化を平成13年度から進めてきました。

きっかけとなったのは、路面電車が走る県道にある、樹齢50年を超すクスノキの街路樹の剪定について議論が持ち上がったことでした。

平成8年頃から、街路樹の緑を豊かにするために、いわゆる「丸坊主剪定」をやめて無剪定としていたところ、道路利用者や住民等から「信号や道路案内板が見づらい」「店の看板が見えない」などの苦情が寄せられるようになりました。

そこで、街路樹のあり方について議論を進める中で、有識者から「この歴史ある緑の景観を活かすため、道路の真ん中にある電車軌道を緑化し、一体感ある緑の都市景観づくりに取り組んではどうか」という提案があり、県知事の意向で積極的にこの取り組みを推進することになりました。

地域の気候にあうように

市内を走る営業路線での施工に先立ち、平成13年6月から仮設軌道で植生生育状況や耐荷重等の実験が重ねられました。そして平成14年10月に、日本初となる営業路線での軌道緑化が、県道の桟橋通りにある電停前30mで実施されました。

施工後の県民アンケートでは、軌道緑化を評価する意見が9割以上あり、今後は環境効果や維持管理コストの公表をしてほしいとの意見がありました。

緑化された軌道とクスノキ並木が一体感のある緑の道路景観を形成しています
（県道桂浜はりまや線 桟橋通り）

国道32号（本町通り）の軌道緑化（長さ176m）は国内最大規模です

平成17年からは、より経済的な工法として軌道間の緑化に取り組んでいます（桟橋通1丁目上り電停前）

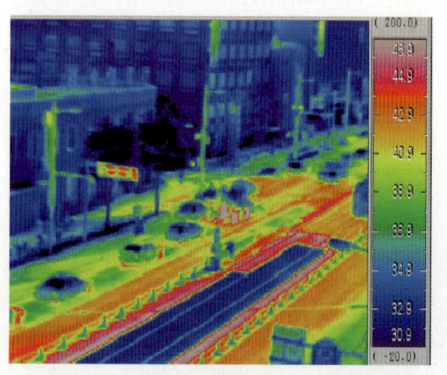

ヒートアイランド現象の抑制効果についての検証結果。軌道緑化面の温度の低い様子がはっきりわかります

軌道緑化後は毎月1回、県職員がボランティアで清掃を行っています

芝刈りは6月と9月の年2回行われています

DATA

これまでの経緯

平成12年	桟橋通りのクスノキ並木のあり方を協議する中で、路面電車の軌道緑化が提案される
平成13年6月	仮設軌道で緑化手法を検討する実験を開始
平成14年10月	高知国体開催に合わせて、桟橋通り1丁目下り電停前で日本初の営業路線の軌道緑化を実施（長さ30m）
平成14年11～12月	県民アンケート調査で高い評価を得る
平成14年12月	県知事が国土交通省に「環境にやさしい道路空間づくり」として提案
平成15年8月	高知よさこい祭50周年の記念イベントに合わせ、国道32号の高知城前電停から大橋通り電停間を軌道緑化（長さ176m）
平成15年8月	ヒートアイランド現象の抑制効果検証
平成17年9月	軌道間を緑化する工法（センター＆サイド・グリーンベルト方式）を考案

問い合わせ：高知県土木部道路課　〒780-8570　高知市丸ノ内1丁目2番20号
TEL：088-823-9828　FAX：088-823-9243　http://www.pref.kochi.jp/~douro/

アンケート結果
（平成14年11月～12月、回答数203名）

Q 軌道緑化に賛成ですか？
賛成93%　反対2%　どちらでもない5%

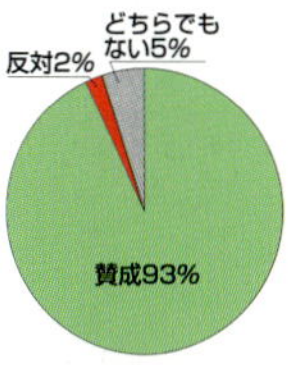

<賛成意見>
・街に落ち着きがあり、人々の心が安らぐ街になる
・環境への配慮、温暖化防止、都市公害の抑制などによい
・車を運転していてもゆとりを感じる。自動車の進入も無くなるのでは

<反対やその他の意見>
・雑草が生えるなど維持管理費用が大変では
・無駄遣いではないか。ヒートアイランド抑制は疑問

4種類の植物で約1年の生育実験を行った結果、エルトロ芝が温暖多雨の高知の気候にあっていることがわかりました

緊急車両を想定した耐荷試験を実施し、安全性を確認しました

軌道全面緑化
0.6 | 1.00 | 1.50 | 1.00 | 0.6 (m)
芝緑化／溝型レール／ソフトコンテナ／合成まくら木

軌道間緑化
0.6 | 1.00 | 1.50 | 1.00 | 0.6 (m)
芝緑化／既存レール／既存まくら木

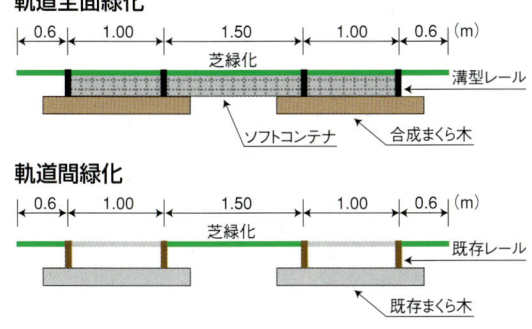

土佐電鉄軌道内緑化実施箇所図
国土交通省施工H15.8（全面緑化,176m）
高知県施工H17.9（軌道間緑化,上り電停30m）
高知県施工H14.10（全面緑化,下り電停30m）

環境と共生する持続可能な地域づくり

桟橋通りでの良好な結果から、国土交通省に働きかけて中心市街地の国道32号を走る電車軌道の緑化にも着手し、平成15年7月に国内最大規模となる176mの軌道緑化を行いました。

軌道緑化によるヒートアイランド現象の抑制効果について検証を行った結果、軌道緑化面は車道よりも13℃も温度が下がることが実証されました。

また、芝の維持管理費用について危惧する声もありましたが、地域の気候風土にあった芝や土壌を選び、適切な時期に除草や芝刈りを行うことで費用を抑えられることがわかりました。

より経済的な工法へ

これまでの工法は、軌道全面を緑化していたため、約50万円／mの費用が必要でした。これは海外での従来工法（120万円／m）より安いとはいえ、財政状況の厳しい中、さらなる低コスト化が必要でした。そこで平成17年度から、軌道全面ではなく軌道間だけを緑化する工法に取り組み、約6万5千円／mと従来の8分の1程度に費用が抑えられるようになりました。

現状の課題は、電車事業者との共同事業です。道路空間の緑化事業として軌道緑化を行う場合に、電車事業者に対する明確な経済支援策がないことから、軌道改善などが道路管理者の負担となっているからです。

道路空間と一体となった路面電車の軌道緑化は、景観や地球環境に良い取り組みであり、電車の利用者からも「緑は気持ちが良い」などと評価が高いことから、今後さらに電車事業者と協力しながら、緑化推進に取り組むことが期待されます。

3-3 42号：2005年夏

環境共生都市推進協会（京都府京都市）

楽しく環境にやさしい
全国に広がる自転車タクシー

環境と共生する持続可能な地域づくり

NPO法人環境共生都市推進協会代表理事の森田記行さん。「一人ひとりができることをやっていけば、いいまちになる。生まれ育ったまちを見つめ直し、好きになってほしい」

環境にやさしい乗り物

　街なかをスイスイ走る、排気ガスを出さない環境にやさしい乗り物として、今「自転車タクシー」（VELO TAXI）が注目されています。

　"VELO"とはラテン語で自転車を意味し、都市の新しい交通手段として1997年にベルリンで誕生しました。日本では、2002年5月に京都議定書ゆかりの地・京都でNPO法人「環境共生都市推進協会」が運行を開始し、現在、国内10都市で運行を行っています。

　「日本に自転車タクシーを普及させたい」現在、協会の代表を務める森田さんが、そんな強い思いを抱いたのは、ドイツで走行する自転車タクシーについての雑誌記事を見たときでした。当時、イベント企画の仕事をしていた森田さんは、生まれ育った京都を舞台に京都議定書に関するニュースが流れるのを耳にする中で、次第に環境問題への意識を強く持つようになっていました。そして、環境にやさしく、見た目がユーモラスな自転車タクシーを街なかに走らせることにより、より多くの人が環境問題を考えてくれるきっかけになればと思ったのです。

NPOとして活動開始

　活動を始める際に森田さんがこだわったのは、社会的信頼性を得るために法人格を持って活動することでした。そして、NPOか企業かという選択肢の中で、活動を通じてまちづくりや社会貢献ができるNPOの方が目的にかなっていると判断し、2002年2月にNPO法人として活動を開始しました。

　しかし、NPO法人化してすぐに自転車タクシーが運行できた訳ではありませんでした。後部座席に人を乗せて走る自転車タクシーが「自転車の二人乗り」にあたるとの理由で、京都府公安委員会からの運行

タクシーの停留所とベロタクシー京都事務所がある「新風館」

先進地ドイツのベルリンでは、市内を80台の自転車タクシーが運行しています

2005年2月には、京都議定書発効を祝して京都市内を走行しました

東京では港区、渋谷区、千代田区、中央区を運行しています

DATA

これまでの経緯

- 2002年 2月　NPO法人環境共生都市推進協会　設立
- 　　　　4月　ベロタクシー京都にて試乗会開催
- 　　　　5月　ベロタクシーの京都走行開始（日本初）
- 　　　10月　東京走行開始、京都市より感謝状をもらう
- 　　　12月　京都府「京都府エコ21」に認定される
- 2003年 5月　（財）社会経済生産性本部より「自治体環境グランプリ優秀賞」を受賞
- 　　　　6月　京都府より「環境トップランナー賞」を受賞
- 　　　10月　（財）日本産業デザイン振興協会より「グッドデザイン賞」を受賞
- 2004年 3月　（財）店舗システム協会より「JAPAN SHOPSYSTEM AWARDS 2004都市再生、地域活性化、まちづくり部門　優秀賞」を受賞
- 　　　　4月　大阪走行開始
- 2005年 2月　京都議定書発行を祝して京都市内を走行　3月　名古屋走行開始
- 　　　　4月　仙台、喜多方走行開始
- 　　　　6月　「環境大臣賞（地域環境保全功労者）」を受賞　7月　宮崎走行開始

主な運行概要

＜京都＞
- 期間：4月1日～11月30日
- 時間：13：00～17：00
- 乗車料金：初乗り500mまで　大人300円（小人200円）

＜東京、大阪＞
- 期間：4月1日から11月30日
- 時間：12：00～18：00
- 乗車料金：初乗り500mまで　大人300円（小人200円）
- 超過料金：100mごとに50円（小人30円）

問い合わせ：NPO法人環境共生都市推進協会　〒151-0053　東京都渋谷区代々木三丁目9-5
TEL：03-5333-4813　FAX：03-5333-4814　E-mail:info@velotaxi.jp　http://www.velotaxi.jp/

舞妓さんを乗せて京都のまちを走る自転車タクシー

自転車タクシーは、愛・地球博のパートナーシップ事業として認定されています

愛・地球博の会場のグローバル・ループを移動する自転車タクシー。1日2,000人前後の利用があります

●運行マップ（京都）

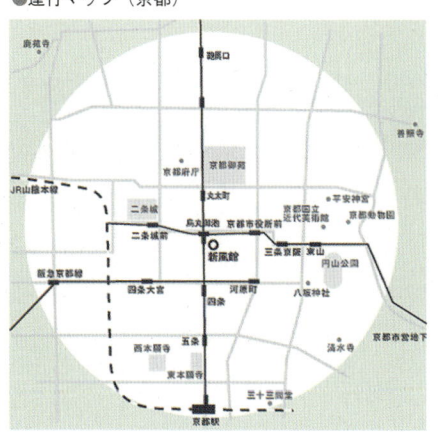

環境と共生する持続可能な地域づくり

許可が下りなかったのです。

そこで法的解釈について粘り強い交渉を行った結果、最終的には公安委員会が指定したエリア限定という条件で運行が許可されました。また、事故なく安全に走行できるように、運行時間は交通量の多い時間帯や夜間を避けて設定しました。

現在の利用者は、買物目的の高齢者をはじめ地元の人が多く、リピーターとして利用してくれています。そして2007年度からは運行エリア規制が解除され、観光都市である京都の、より広い範囲での運行が可能となりました。

環境にやさしい乗り物ということで、企業からの車両広告のニーズも高く、NPO法人の貴重な活動資金となっています。

広がるネットワーク

京都での運行開始から5ヶ月後、若者で賑わう東京・表参道での運行を開始しました。これは、次世代を担う若者にも関心を持ってもらいたいという思いからでした。そして東京での反響は予想以上に大きく、現在は港区、渋谷区、千代田区、中央区で20台が運行しています。

活動開始から3年を経て、自転車タクシーの走行地は、現在、大阪、名古屋など21都市へと、日本各地に広がりつつあります。新しい交通手段としてだけでなく、地域経済の活性化、福祉、雇用問題など、各地の導入目的はさまざまですが、どの地域もこの乗り物を地域のために役立てたいという思いを持っています。

今後は、これら走行地の連携を深めながら、自転車タクシーのネットワークづくりを進めていくことが課題です。

3-4　34号：2003年夏

グリーンライフ21プロジェクト（岐阜県東濃西部地域）

美濃焼のリサイクルによる循環型社会構築への挑戦

岐阜県セラミックス研究所の長谷川善一さん。「美濃焼を21世紀型の陶磁器ブランドとして確立し、新しい魅力を世界中に発信していきたいです」

環境と共生する持続可能な地域づくり

美濃焼の里で

　岐阜県東濃地方は、古くからやきものの産地として知られています。この地方でつくられるやきものは"美濃焼"と呼ばれ、多治見市・土岐市・瑞浪市・笠原町・山岡町の東濃西部地域は、今でも食器をはじめとする陶磁器の生産で、全国的に大きなシェアを誇っています。

　陶磁器は本来、土という自然素材を原料とするため環境負荷が少ない製品です。しかし従来は、家庭や企業等で不要になった食器や製造工程で発生した不良食器は再生資源として回収されておらず、必ずしも製品のライフサイクル全体として環境に配慮されているとはいえない状況でした。この課題に対して陶磁器の一大産地として責任を持って取り組もうと、地元の研究機関である岐阜県セラミックス研究所が呼びかけ、平成9年に地元の有志企業や研究機関等の9社・団体（平成19年現在32社・団体）が参加するグリーンライフ21プロジェクトが発足しました。

広がるリサイクルの輪

　プロジェクトでは、「器から器へ」をキャッチフレーズに、回収した食器を粉砕して再生原料を作り、既存の生産ラインの中で活用する取り組みを始めました。3年間にわたる討議・研究の結果、再生原料を20％〜30％配合することにより、強度や吸水率などにおいて従来製品と変わらないものを作ることができるようになりました。こうして平成12年に誕生した「美濃リ食器（単にRe-食器とも呼ぶ）」は、資源の循環とともにシンプルな製品デザインや製造工程の簡略化等でライフサイクル全体の環境負荷（炭素排出量）を従来製品より低く抑え、絵付けや着色では安全な金属酸化物である

器から器へ。「美濃リ食器」のライフサイクルは循環型です

器の再生・循環　エコ食器としてのライフサイクル　器から器へ

1. 回収
2. 粉砕
3. 土に再生
4. 成形・焼成
5. 製品・販売
6. 一般使用

回収拠点には大量の不要食器が集まります

皆で手分けして回収作業

製土工場のヤードに運ばれた不要食器。これから粉砕されて再生原料になります

再生原料を混ぜた土は、製陶工場で新たな食器として生まれ変わります

DATA

環境負荷を考える

食器のライフサイクルにおける環境負荷を炭素排出量で換算し、美濃リ食器（不要食器の粉砕物を20%配合）と従来食器で比較したところ、両者はほぼ同量で資源循環が可能という結果が得られました。今後、循環方法や製品設計をさらに工夫することにより、環境負荷をもっと下げることも可能と考えられています。

	美濃リ食器		従来食器	
杯土調整	回収・輸送	2.4	原料採掘	0.5
	粉砕	4.3	精製・粉砕	8.3
	杯土調整	10.9	杯土調整	10.9
		*1 19.3		*2 19.7
食器製造		427.4		427.4
炭素排出量		446.7		447.1

*1 (2.4+4.3+10.9)×20%+(0.5+8.3+10.9)×80%
*2 (0.5+8.3+10.9)×100%

問い合わせ：岐阜県セラミックス研究所　〒507-0811　岐阜県多治見市星ヶ台3-11
TEL：0572-22-5381（代表）　FAX：0572-25-1163　http://www.gl21.org/

回収された不要食器（上）と、再生された「美濃リ食器」（下）

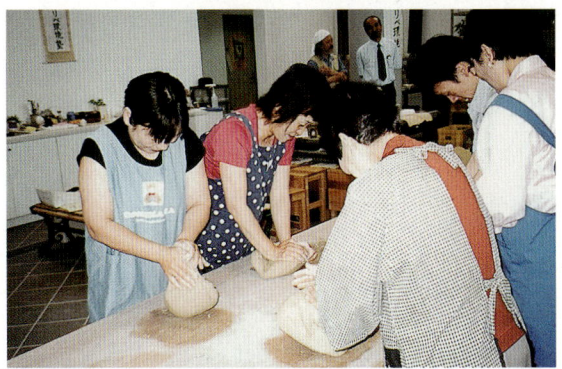

おりべ環境塾で手作りの茶碗に挑戦

いろいろな陶磁器を並べて音遊び

鉄系を主体に用いる等、一貫して環境に配慮した製品となっています。

プロジェクトには全国各地から問い合わせや不要となった陶磁器食器が送られてきます。平成18年現在、不要食器の回収や再生品の消費活用をすすめる全国の約50箇所の団体等と連携を育み、地元でも自治体の回収活動や地域のイベントで多くの住民が不要食器を持ち寄ってきます。

また、各地の自治体、NPO、流通でも不要となった陶磁器食器の再生資源として回収が進み、リサイクルの輪は全国の幅広い層に着実に広がっています。

21世紀型の陶磁器ブランドとして

プロジェクトの取り組みは地域コミュニティにも浸透しています。再生原料を混ぜた土を使い地域の子供たちを対象とした「土遊び」・「音遊び」が地元や東京都等で開催され、多くの親子連れが参加しました。また、平成15年2月に始まった「おりべ環境塾」（岐阜県主催）では、手作りの茶碗を焼き、お茶会を楽しむという企画が人気を博しています。一方、市場に流通する美濃焼全体の中で「美濃リ食器」のシェアはまだ1%に満たない等、ビジネスとしての課題があるものの順調に実績を延ばしています。参加企業は「美濃リ食器」に将来性を感じながら、少しずつ、リサイクル食器市場の確立に向けています。

現在では、プロジェクトの法人化を行い、組織力や信頼性を強化するとともに環境に配慮した21世紀型の陶磁器産地として地域のブランド力の強化を目指しています。

環境と共生する持続可能な地域づくり

スマートレイク（長野県諏訪圏域）

ITで諏訪圏域の活性化を目指す
住民主体の地域情報化

「これからは、エコマネーと学校への情報教育に力を入れていきたいですね」と語ってくれたスマートレイク会長の小口武男さん

スマートバレー公社を目標に

　風光明媚な観光地として名高い諏訪市を中心に、現在、IT（情報通信技術）を利用した地域づくりが活発に行われています。その母体となっている組織が「スマートレイク」です。

　「スマートレイク」の名前は、米国のシリコンバレーで地域活性化を成功させた産学官連携の組織「スマートバレー公社」と、諏訪圏域のシンボル「諏訪湖（Lake Suwa）」に由来しています。「スマートバレー公社のようなITによる地域活性化を諏訪でも実現したい。深刻な高齢化や、不況に伴う地場産業の海外流出による空洞化を何とか食い止め、住民の手で自分たちの地域を活性化させたい」。そんな思いを抱く地元の青年会議所メンバーが中心になり、平成9年5月にスマートレイクは発足しました。

地域情報化の取り組み

　発足にあたり、同様にITによる地域づくりを進めていた大分県の「ニューコアラ」や、著名な研究者たちと積極的に交流を図り、取り組みの方向性を5つに定めました。

　まずはじめに掲げたのが、CAN（コミュニティエリアネットワーク）の構築です。CANとは、地域（コミュニティ）内の生活に関するさまざまな情報を、情報通信ネットワークを利用して使いやすい形で提供するとともに、地域外の人々に観光資源や産業等を積極的に情報発信していこうとする活動のことです。そして、次に掲げたのが高速インフラの整備です。かつて「日本のスイス」と呼ばれるほど、精密機器の分野で突出した技術力を誇る諏訪圏域の産業は現在、多くが経営母体だけを残し、工場は海外に移転しています。この海外の工場と諏訪圏域の本社を高速の通信回線で結び、情報流通を密にしようという構想です。他にも、情報教育の促進、ITを活用し

■地域の観光・工業情報サービスを提供する情報コミュニティセンター構想
（茅野市への提案書より）

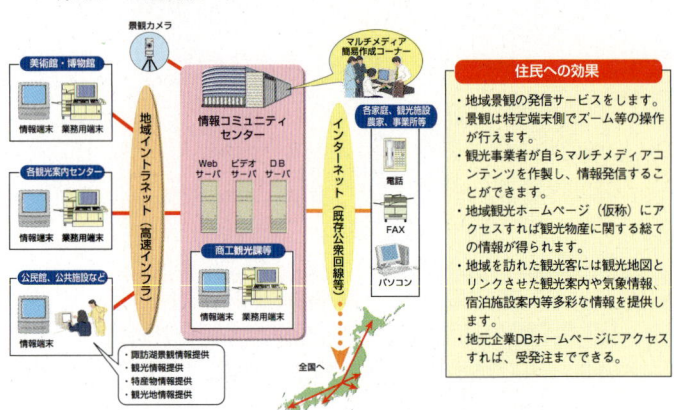

活動の様子は、地元の新聞にも度々取り上げられています。
（平成14年1月9日長野日報）

DATA

スマートレイクの活動概要

● 経緯
- 平成9年5月　スマートレイク発足
- 平成9年10月　第1回スマートレイク情報収穫祭開催
- 平成10年7月　ハイパーネットワーク98IN大分視察・参加
- 平成10年8月　ふれあい広場一般公開スタート
- 平成10年10月　秋の情報収穫祭開催
- 平成11年6月　環境に親しむイベント(守屋山登山)開催
- 平成11年10月　京阪奈地域視察
- 平成11年11月　情報収穫祭開催
- 平成12年2月　松本情報試験場視察
- 平成12年3月　伊那有線放送視察
- 平成12年9月　諏訪市防災訓練にITを使って参加
  (安否システムを提言)
- 平成12年11月　情報収穫祭開催
- 平成12年12月　シニアPC教室開催(〜現在まで)
- 平成13年3月　「シニアネットすわ」設立
- 平成13年7月　NPO法人「スマートレイク」設立
- 平成13年11月　情報収穫祭開催

● 主な活動
- 「シニアネットすわ」への活動支援
- ホームページ「ずらずられーく」作成、更新
- 諏訪湖浄化環境ワーキンググループ等まちづくり支援事業
- CANフォーラム・エコマネートークへの参加
- 学習支援
- 情報収穫祭開催

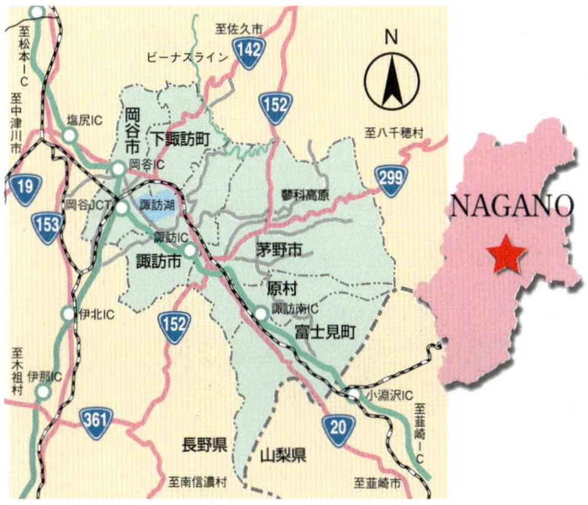

問い合わせ：特定非営利法人(NPO)スマートレイク事務局
〒392-0007　長野県諏訪市清水2-1-21　TEL&FAX：0266-57-5019　http://smart.lake.gr.jp/

環境と共生する持続可能な地域づくり

た業務形態であるSOHO-Tprを支援するための拠点づくり、と夢は大きく広がっています。

人と人の交流を支えるIT

　スマートレイクが進める情報教育は、住民から住民へのボランティア活動であるという点が特徴です。平成12年には、生徒8人に対して講師が1人、助手が4人という、マンツーマンに近い形でのシニアパソコン教室を開設しました。教室終了後も生徒と講師の交流ははずみ、平成13年には、生徒主体の「シニアネットすわ」が誕生しました。今では、シニア世代の生徒が豊かな人生経験をもとにさまざまな知識や知恵を持ち寄り、教室を使って次々と情報発信を行っています。こうした活動の中からITに長けた若者とシニア世代の交流が生まれるなど、単にインターネットを介してではなく、顔を合わせた人と人の交流が行われています。平成17年には、初心者を対象とし、生徒の要望に臨機応変に対応できるようマンツーマンで教える「孫の手パソコン塾」を開設しています。

　力を入れている取り組みとしては、地元茅野市にある諏訪東京理科大学と共同でWeb上から入力できる環境家計簿システムを開発しました。家庭におけるCO_2削減を地域の課題として取り組むこととし、市民が自分の生活を見直し、小さな事を継続して積み上げていくことで、結果としてCO_2削減につながっていくよう、ITを利用して市民が家計簿を無理なくつけられるような工夫を提案しています。現在はユーザー登録を大勢の方にしていただけるよう企業や学校に呼びかけ協力してもらい、周知活動に励んでいます。

　さらには、「諏訪圏域6市町村の住民が必要としている情報を共有する場、情報を交換する場を提供したい」という想いから、6市町村の情報(行政関係の情報、市民団体の情報、公民館の情報、休日当番医など)が詰まったサイトを目標に取り組んでいます。

関連団体との交流を深めるバーベキュー会

年に一度のメインイベント「情報収穫祭」で侃々諤々

シニアネットすわの「かけこみサロン」には、ITの初心者から達人までが集まります

ゲームを通じてエコマネーへの理解を深める体験会

3-6 33号：2003年春

びわこ豊穣の郷（滋賀県守山市）

ホタルの里を取り戻す清流復活への挑戦

事務局長の長尾是史さん（左）と辻ひとみさん（右）。「子供の頃の遊び場所、生活の場所だったきれいな川を取り戻し、子供たちに渡してあげたいです」

赤野井湾流域の現状

　広大な琵琶湖の南に位置する小さな赤野井湾には、守山市から8つの河川が流れ込んでいます。小さく閉じた湾内は水深が浅く、水の循環が緩やかです。流域の都市化が進んだ昭和40年代から少しずつ水質汚濁が進み、いつしか琵琶湖三大汚濁地域という不名誉な称号を与えられるようになってしまいました。

　市内の河川はかつて清流と呼ばれ、天然記念物に指定されたゲンジボタルが優雅に舞う姿がまちの風物詩でした。しかし、そのゲンジボタルも乱獲と河川の環境変化により次第に減少し、ついに守山市内からは絶滅してしまいました。子供の頃に時を忘れて遊んだ、忘れがたき思い出のあの川をもう一度取り戻したい。こうした思いを抱く市民の有志が中心となり、平成8年9月に「豊穣の郷赤野井湾流域協議会」は発足しました。

水質調査から湖沼会議、水フォーラムへ

　まずは、現実を知ることから始めようと、平成9年1月から市内の約100ヶ所で簡易測定法（パックテスト）による水質調査が始まりました。その結果に基づいて、平成10年には「水環境マップ」を作成し、水質改善の必要性を訴える提言書を行政へ提出。協議会は、市民、企業、研究者、行政が手を組み、様々な調査、研究、試行を重ねていくことになりました。赤野井湾の湖底を調査する「赤野井湾探検隊」では、ヘドロが集積した場所に砂を撒き、琵琶湖水系の固有種であるセタシジミを放流して生育状況の観察を続けました。また、市内の鳩の森公園にゲンジボタルの幼虫を放流し、ホタルの里再生に向けて実践を進めました。気運の高まりを受けて、市では平成12年に「守山市ほたる条例」を施行。市内に保

モデル河川の目田川で川づくりに取り組む協議会の皆さん

丸太を削って護岸づくりに汗を流します

協議会が中心になって作成した「ほたるマップ2002」

最近ホタルが戻ってきました町中でこれだけのホタルが見られるところは珍しいです（水環境マップⅡより）

環境と共生する持続可能な地域づくり

44

DATA

NPO法人びわこ豊穣の郷の活動概要

● 経緯
平成8年　発足
平成9年　水質調査等、活動開始
平成10年　行政に提議書を提出
平成12年　守山市ほたる条例施行
平成13年　第9回世界湖沼会議守山セッション開催
平成15年　第3回世界水フォーラムin守山開催

● 主な活動
(1) 調査改善活動部会
　・河川水質調査・水生生物調査
　・モデル河川づくり・赤野井湾探検会　など
(2) 啓発広報活動部会
　・機関紙（豊穣の郷だより）の発行
　・自主イベントの企画
　・各種メディアを使った広報
　・水環境サロンの充実
　・ホームページプロジェクト
　・ホタルプロジェクト
　・ビオトーププロジェクト
　・企業との共同研究プロジェクト　など

問い合わせ：豊穣の郷赤野井湾流域協議会
〒524-0041　滋賀県守山市勝部5丁目10-25
TEL&FAX：077-583-8686　http://www.lake-biwa.net/akanoi/

母国の内水域の現状を発表する海外からの参加者

世界的水危機の現状と将来の予想について議論したフォーラム。開会前にはライフセーバーによる救命活動を実演し、認識を高めてもらっています

地元の中学生も熱心に水質調査に参加

懇親会でも交流を深めました

環境と共生する持続可能な地域づくり

護区域を指定し、幼虫の捕獲やえさとなるカワニナの捕獲を禁止しました。このような取り組みの甲斐あって、現在は市内で3,000匹を超えるゲンジボタルが飛来するようになりました。

平成13年、協議会は、5年間の活動成果と本来の姿に近づきつつある河川の状況を「水環境マップⅡ」としてまとめ、同年主催した「世界湖沼会議守山セッション」で報告を行いました。淡水湖を持つ他の地域との交流も深められた会議は大成功を収め、活動に自信を持った協議会は、平成15年3月、「世界水フォーラムin守山」を開催しました。

水環境サロンの設立を目指して

現在、市内の目田川をモデル河川として選び、協議会メンバー自らが河川づくりに取り組んでいます。また、水質浄化の効果が高いといわれるケナフを栽培し、効果を検討するプロジェクトも行われています。会の活動には、小学校や中学校の総合的な学習の時間の一環として、地元の子供たちも参加しています。遊び慣れない川での活動は子供たちの好奇心を刺激し、積極的に川へ飛び込んでいくそうです。この活動を通じて川への関心を深めた子供たちが、学習資料として真っ先に手に取るのが、協議会が作成した「水環境マップ」や「ほたるマップ」です。まだまだ試行錯誤の部分もありますが、自分たちの責任において汚染された水環境を改善し、次世代へ渡すという協議会の活動主旨は、確実に子供たちへと受け継がれています。

今後は、このような成果の蓄積を生かして事務局を「水環境サロン」として充実させ、環境についての情報交換や、子供たちの環境学習の場として広く活用してもらうことを協議会では目指しています。

3-7　32号：2002年冬

穂の国森づくりの会（愛知県東三河地域）

水源の森を守り
循環型の地域づくりを目指す

「森づくりのすそ野を広げるため、小学生への教育普及活動に力を入れていきたい」と語ってくれた事務局の森田実さん

穂の国の水源の森を守ろう

　古くから東三河地域は穂の国と呼ばれ、段戸山を源流として渥美湾にそそぐ豊川の水の恵みによって人々の生活が営まれてきました。そのため豊川を軸とする上下流のつながりは強く、昭和52年には流域の関係市町村と愛知県によって豊川水源基金が設立され、上下流一体となった水源地保全の取り組みが全国に先駆けて始まりました。

　こうした気運の高まりの中、水源の森を守るために行動しようという豊橋市民有志の呼びかけがきっかけとなり、平成9年4月に任意団体として穂の国森づくりの会が発足しました。市民・企業・行政のパートナーシップで活動を進め、平成11年10月に政策提言として「穂の国森づくりプラン」をまとめるなど、穂の国における森林の保全・育成・再生と循環型社会の実現に向けて会は着実に発展してきました。平成12年9月にはNPO法人（特定非営利活動法人）として認可を受け、平成19年現在約460人の個人会員と174の企業団体会員が参加しています。

みんなの森づくりが始まった

　会には、「森へ行こう部会」、「森づくり部会」、「森づくりプラン推進部会」という3つの部会があり、幅広く活動を展開しています。

　森へ行こう部会では、森を知り、森に親しむための普及活動として、自然観察会や小学校への訪問授業などを行っており、平成13年度には、訪問授業に計16校の参加がありました。地元の林業家や林政担当者のお話を聞き、実際に森に出かけて植林体験をすることで森に関心をもつ子供も多く、「将来的には、東三河の全部の小学校を訪問したい」と事務局の森田さんは話してくれました。

「森へ行こう部会」や「穂の国みんなの森クラブ活動」に参加して森に親しむ子供たち

林業の専門家から、のこぎりの挽き方を教わる

森の土に水が浸透する様子を実験で確かめる

機関紙「Forest」をはじめとする広報出版物

夏休み親子キャンプで川遊び

環境と共生する持続可能な地域づくり

DATA 穂の国森づくりの会活動概要

● 経緯
　平成9年4月　発足
　平成12年9月　特定非営利活動法人（NPO）登記
● 主な活動
　(1) 森へ行こう部会
　　小学校訪問授業：東三河地域での教室授業、野外体験
　　自然観察会：森林観察会、トレッキング大会、薬草観察会、花祭り見学会など
　(2) 森づくり部会
　　体験林業：月1回開催、作業体験と相互交流
　　穂の国森づくりセミナー：年1回、6回連続
　　穂の国みんなの森クラブ活動：段戸原生林蘇生活動、サークル活動
　　プリティフォレストクラブ活動：固定フィールドでのサークル的自主活動
　(3) 森づくりプラン推進部会
　　「穂の国森づくりプラン」実現のための活動
　　「穂の国森林祭2005」の企画運営、広報

問い合わせ：
穂の国森づくりの会事務局
〒440-0888　愛知県豊橋市駅前大通2-46
名豊ビル新館6階
TEL：0532-55-5272　FAX：0532-55-5276
http://www.honokuni.org

植林した木のそばに名札をつけました

訪問授業で森のしくみを学ぶ

面ノ木原生林でのミニトレッキング大会

田峯の森にある、間伐材を利用した山小屋

　森づくり部会が月1回実施している体験林業では、地元の森林組合の協力を得ながら植林・下刈り・枝打ち・間伐などの作業を行っています。体験林業の参加者の中には、自主的に森づくりを行う人も現われ、現在、「プリティフォレストクラブ」として、未蕾（みらい）の森、田峯（たみね）の森というフィールドで継続的に体験林業を実施しています。平成13年度からは、段戸裏谷（うらだに）原生林（設楽町）に隣接する国有林を林野庁の「ふれあいの森制度」により借り受け、段戸裏谷原生林と同じ樹種を植林して原生林を再生する事業（穂の国みんなの森クラブ活動）が始まり、これまでに延べ約2,200人が参加しています。

森林祭の開催

　森づくりプラン推進部会では、「穂の国75万人による森づくり」を目指し、「穂の国森づくりプラン」を実践する仕組みづくりを進めています。

　平成14年から平成17年にかけては、市民ボランティアによる実行委員会を設立し、日本国際博覧会（愛知万博）地域連携事業として「穂の国森林祭2005」を開催しました。開催期間中は、「森が舞台の大音楽祭」や「食文化の祭典」、「森を訪ねるツアー」、「国際森林環境フォーラム」など60ものイベントに約4万人が参加し、100以上の連携イベントも含めると10万人以上が関わりました。

会の活動フィールド：未蕾の森、田峯の森、穂の国みんなの森

環境と共生する持続可能な地域づくり

その他の事例

3-8　38号：2004年夏
あかばね塾（愛知県田原市（旧赤羽根町））

砂浜とウミガメを守りたい
楽しい交流による地域づくり

　赤羽根海岸は、渥美半島の太平洋に面する壮大な砂浜で、サーフィンのメッカとしても有名です。この赤羽根海岸の美しい砂浜を守ろうと活動しているのが地元の住民グループ「あかばね塾」です。あかばね塾の活動で最も力を入れているのは、赤羽根海岸のウミガメ調査・保護活動です。また、毎年夏に開催している「エコ・オリエンテーリング」は砂浜のゴミ拾いや子ガメの放流を通じて、多くの参加者との交流を図っています。これらの活動を通じて、地元の海洋生物研究家や水族館、ライフセーバーなどの人々とのネットワークが広がっており、今後の新しい方向性に期待されています。

ウミガメの産卵は毎年5〜8月頃がシーズン。産卵状況調査は平成4年から地道に続けています

問い合わせ：あかばね塾
〒441-3503　愛知県田原市若見町鳥居2番地　金原様方
TEL　0531-45-2102　　FAX　0531-45-3772
E-mail：ykinpara@amitaj.or.jp
http://www.amitaj.or.jp/kids/akabane/

3-9　26号：2001年冬
風車のあるまち（三重県津市（旧久居市））

自治体の単独直営事業としては、
国内最大規模の風力発電施設

　三重県の中央に位置する津市（旧久居市）に、平成11年、巨大な風力発電施設が誕生しました。この「久居榊原風力発電施設」は、日本でも有数の強風地帯である笠取山の山頂付近にあります。これは、当時の市長の「美しい山並みにランドマークを」との思いからつくられたもので、地上から75mの高さになる巨大な風車群は、まちのシンボルとして地域の振興、活性化に大きく貢献しています。また毎夏、風車を題材に環境についてのイベントを開催し、楽しく環境について学ぶ機会となっています。平成15年に20基、平成18年には8基が建設され、日本でトップクラスの風車群となりつつあります。

尾根伝いに並ぶ風車

問い合わせ：津市役所久居総合支所環境課
〒514-1192　三重県津市久居東鷹跡町246
TEL　059-255-3110　　FAX　059-255-0960
E-mail：255-3110-1230@city.tsu.lg.jp

3-10　5号：1995年秋
桶ヶ谷沼に学ぶ（静岡県磐田市）

市民運動が盛り上げた環境保全意識
「トンボ」は自然との共生のシンボル

　桶ヶ谷沼は、静岡県磐田市の東部に位置し、世界的にも珍しいベッコウトンボが生息する場所です。桶ヶ谷沼には、約67種のトンボが確認されており、日本有数のトンボ生息地ですが、昭和40年代からしばしば民間開発の波にさらされてきました。しかし、「桶ヶ谷沼を考える会」の発足をきっかけに、開発予定業者・自然保護団体・行政の3者が建設的に話し合いのできる雰囲気がつくられ、結果的に保全が行われてきた経緯があります。現在では、「桶ヶ谷沼を考える会」がNPO法人となったほか、「磐田市桶ヶ谷沼ビジターセンター」ができ、トンボ保護の拠点となっています。

新緑の桶ヶ谷沼

問い合わせ：磐田市桶ヶ谷沼ビジターセンター
（磐田市環境保全課）
〒438-0016　静岡県磐田市岩井315番地
TEL　0538-39-3022　　FAX　0538-39-3023
E-mail：okegaya-vc@city.iwata.lg.jp

4. 景観が美しい
うるおいある地域づくり

- 4-1 水郷のまちの風景計画（滋賀県近江八幡市） p50
- 4-2 匠のまちの景観整備（岐阜県飛騨市（旧古川町）） p52
- 4-3 街並みづくり100年運動（山形県金山町） p54
- 4-4 シーニックバイウェイ北海道（北海道） p56
- 4-5 旧城下町のまちづくり（愛知県犬山市） p58
- 4-6 馬瀬川エコリバーシステム（岐阜県下呂市（旧馬瀬村）） p60
- 4-7 丸山千枚田の保護（三重県熊野市（旧紀和町）） p62
- その他の事例 p64
  - 4-8 蔵造りを活かしたまちづくり（埼玉県川越市）
  - 4-9 ふるさと創生基金(旧ゆめさき基金)（三重県伊賀市（旧大山田村））
  - 4-10 開田高原の景観づくり（長野県木曽町（旧開田村））

丸山千枚田の保護

4-1　48号：2007年冬

水郷のまちの風景計画（滋賀県近江八幡市）

文化的景観を守り育てる全国に先駆けた風景づくり

近江八幡市建設部都市整備課の深尾甚一郎さん。「これからの時代は、地域間競争の中で、いかにその地域固有の自然や文化を継承していくかが重要だと思います」

景観が美しいうるおいある地域づくり

八幡堀の修景保存

琵琶湖の東岸に位置する近江八幡市は、豊臣秀吉の甥にあたる豊臣秀次が1585年に八幡城を築き、近江商人が集まる城下町としてまちづくりを進めた歴史を持っています。現在も残る八幡堀は、防衛上の堀ではなく商船を受け入れる堀としてまちの活性化のために整備されました。

戦後の高度経済成長の中で、八幡堀はゴミが散乱して悪臭の漂う川となり、昭和40年代に埋立計画が持ち上がりました。しかし、「堀は埋めた瞬間から後悔が始まる」という青年会議所からの発案をきっかけに市民が立ち上がり、修景保存運動によって八幡堀の情緒ある水景がよみがえりました。

当時の住民意識は、観光振興を目的とするものではなく、あくまでも自分たちの暮らしと一体となった"精神風土"として八幡堀を守っていこうというものでした。

その後、平成3年には八幡堀付近の町並みが重要伝統的建造物群保存地区となり、周辺の農村部でも、県の風景条例に基づく「近隣景観形成協定地区」（16地区）などの取り組みが広がっていきました。

景観法に基づく風景計画

平成16年の景観法制定を踏まえて、市では平成17年3月に「風景は先人から受け継がれた市民みんなの共有財産」とする風景づくり条例を制定し、平成17年7月に景観法に基づく景観計画の全国第1号となる「水郷風景計画」を策定しました。

水郷風景計画は、市内にある特徴的な6つの風景ゾーンのうち、西の湖やヨシ原、水田、里山、集落などで構成される「水郷風景ゾーン」を対象とする計画で、建物は原則2階建以下で自然素材の落ち着いた色合い

近江八幡の歴史を象徴する八幡堀の情緒ある風景

重要伝統的建造物群保存地区に選定されている商家の町並み

八幡堀では、現在も市民ボランティアにより清掃が行われています

水郷風景計画区域での目標イメージ例（旧集落地域）

「風景」について学ぶ小学校の総合学習

ヨシ群落を維持管理する「ヨシ焼」。ボランティア活動も支援、協力

DATA

これまでの経緯

昭和40年代	八幡堀（八幡川）の修景保存運動
平成3年	近江八幡市重要伝統的建造物群保存地区の選定
平成15年12月	近江八幡市風景づくり条例策定懇話会ワーキング委員会の設置
平成17年3月	近江八幡市風景づくり条例の制定
平成17年4月	景観法に基づく風景計画の策定開始 水郷風景計画策定委員会の設置
平成17年6月	風景づくり条例に基づく風景づくり委員会（第1回）の開催
平成17年7月	近江八幡市風景計画（水郷風景計画編）（案）のパブリックコメント 近江八幡市都市計画審議会への意見聴取 近江八幡市風景計画（水源風景計画編）の決定（景観法に基づく景観計画 全国第1号）
平成18年1月	文化財保護法に基づく重要文化的景観に選定（全国第1号）

問い合わせ：近江八幡市都市産業部都市整備課　〒523-8501　滋賀県近江八幡市桜宮町236
TEL：0748-36-5515　FAX：0748-32-5032　http://www.city.omihachiman.shiga.jp/

全国初の重要文化的景観に選定された「近江八幡の水郷」

悪臭の漂うドブ川となっていた昭和40年代の八幡堀。市民の修景保存運動によりよみがえりました

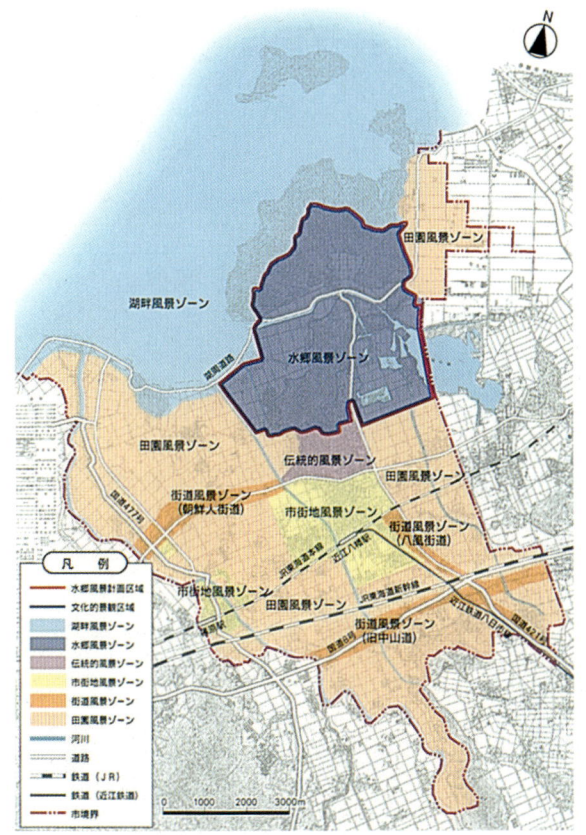

近江八幡市を構成する6つの風景ゾーンと水郷風景計画区域

を基調とし、屋根はいぶし瓦葺きかヨシ葺きを原則に、前庭には適度な緑を確保するなどの風景形成基準が設けられています。

　計画策定に際し、当初は「子供が好きな家を建てられなくなる」など、一部の住民の抵抗感もありましたが、地元の小学校の総合学習で「伝統的な和風の家に住みたい」という声が多かったことなどを説明しながら、理解を得ていきました。

　市では、風景計画は地域ぐるみで風景を守り育てていくためのルールであり、住民と行政が一緒に考えていくものと位置づけています。合意形成を進める中で、当初反対していた人が「水郷風景計画を孫の代まで語り継いでいきたい」と言ってくれたり、風景形成基準に合わない家を建築予定だった人が「自分が風景づくりの先駆けになりたい」と、基準に合うように設計変更してくれたこともありました。

文化的景観の保全・再生・創出

　今後は、水郷風景ゾーン以外のゾーンの風景計画も順次策定されることになっており、平成19年度には、伝統的風景ゾーン（重要伝統的建造物群保存地区周辺）での計画を策定しました。

　平成18年1月には、近江八幡の水郷風景が、文化財保護法に基づく「重要文化的景観」に全国で初めて選定されました。文化的景観とは、地域の風土と人々の営みが融合して形成されている景観のことです。

　市では、住みよいまちづくりを進める上で、景観は最優先すべきインフラであると捉えており、市民が愛着と誇りを感じる「文化的景観」として、価値ある風景を保全するとともに、より良い風景を再生・創出していくという気概で、これからの風景づくりに取り組もうとしています。

景観が美しいうるおいある地域づくり

4-2 43号：2005年秋

匠のまちの景観整備（岐阜県飛騨市（旧古川町））

町並みに磨きをかける 匠の技と住民の自治意識

（社）飛騨市観光協会副会長の柴田駿一さん。「本物をつくっていけば、必ず反響があります。よその人にほめてもらうことが私たちの励みになります」

景観が美しいうるおいある地域づくり

匠のまち・飛騨古川

瀬戸川沿いの白壁土蔵や落ち着いた雰囲気の伝統的な町家、そしてそれらと調和したデザインによる新築の住宅や店舗。日本の木造建築の歴史を担ってきた「飛騨の匠」の伝統が息づく飛騨市古川町には、人々の暮らしに根ざした趣きのある町並みが形成されています。

NHKの朝の連続ドラマ「さくら」の舞台になったこともあり、今では多くの観光客で賑わうようになったこのまちですが、今から30年ほど前は、周辺の高山や下呂、白川郷などの観光地の間にある地味な存在で、重要無形民俗文化財の祭りである「起し太鼓」などの観光資源がありながら、全国的な知名度はそれほど高くありませんでした。

そんなまちの将来に危機感を抱いた青年会議所のメンバーが、「ふるさとに愛と誇りを」というビデオを1979〜81年にかけて制作し、まちづくりに参加する町民を掘り起こしていったことが、今日にいたる古川のまちづくりの原動力となりました。

「相場（そうば）」を大切にする気質

古川のまちには、昔から「相場」を大切にする習慣がありました。

「相場」とは、周囲との調和のことで、今日もこの気質は古川の人々に受け継がれ、家を建てる際に「相場くずし」をしないように配慮するなど、まち全体の景観づくりを支える文化となっています。

この「相場」をまちづくりに積極的に活かそうと、観光協会では、古川らしい町並みづくりに寄与している新築の住宅や店舗を表彰する「町並景観デザイン賞」を1986年に創設しました。

瀬戸川に沿って建ち並ぶ白壁土蔵。ゆったりとした時の流れが感じられます

町並景観デザイン賞を受賞した住宅や店舗の数々。これまでに100件以上の建築物が受賞しています

飛騨の匠の歴史や技術、道具などを一堂に集めた「飛騨の匠文化館」

飛騨古川に春を告げる古川祭。起し太鼓が鳴り響き、勇壮な裸男たちがぶつかり合います

軒下の装飾は「雲」と呼ばれ、大工職人それぞれが独自の紋様を持っています

DATA
これまでの経緯

1974年	市街地景観保存条例の検討
1979年	PRビデオ「ふるさとに愛と誇りを」制作開始
1981年	同上完成
1981年	瀬戸川沿いに景観に合った酒蔵が修景・新築される
1986年	古川町観光協会が「町並景観デザイン賞」を創設
1987年	(財)日本ナショナルトラストの町並み調査がまとまる
1989年	「飛騨の匠文化館」完成
1992年	瀬戸川用水路修景整備完成
	古川町景観ガイドプラン策定調査
	町道・壱之町線の街路灯修景整備
1993年	「飛騨古川タウントレイル」発刊
	「飛騨古川町並み景観サミット」開催
	国道41号古川バイパスにケヤキ植栽
1994年	古川町景観基本計画策定事業
1996年	飛騨古川ふるさと景観条例制定
	「古川町都市景観基本方針および飛騨古川ふるさと景観条例のあらまし」発刊
	町道・御幣枠線の修景整備(建設省ウォーキングトレイル事業)
	建設省による街なみ環境整備事業採択
1998年	道の駅「アルプ飛騨古川」完成
2003年	国土交通省の都市景観大賞「美しいまちなみ大賞」受賞
2004年	古川町・神岡町・河合村・宮川村の合併により「飛騨市」誕生
2004年	飛騨市都市景観条例制定
2007年	「社団法人 飛騨市観光協会」設立

問い合わせ: (社)飛騨市観光協会 〒509-4236 岐阜県飛騨市古川町三之町2-20
TEL：0577-74-1192　FAX：0577-73-0099　E-mail:info@hida-tourism.com

NHKの朝の連続ドラマ「さくら」の舞台となった、和ろうそくの老舗

雪が降る冬の日にも瀬戸川の清掃に精を出す住民たち

同じ頃、(財)日本ナショナルトラストによる町並み調査が行われ、飛騨の匠たちの紋章である軒下の「雲」と呼ばれる装飾に着目した調査や、まちを歩きながらその歴史・文化を学ぶ「タウントレイル」の冊子づくりが行われました。また、地元の木材を利用し、飛騨の匠の技を結集した「飛騨の匠文化館」も建設されました。

こうして外からの評価を受けたことは、住民の町並みや建築様式に対する関心を高め、住民と行政の協働によって「景観基本計画」の策定や「ふるさと景観条例」の制定・施行が進められました。

ひとづくりがまちづくり

青年会議所や観光協会のメンバーたちは、自分たちのアイデアを行政に積極的に提言しながら、瀬戸川用水路の修景整備や街路灯の修景整備など、さまざまな町並み景観整備事業を実現してきました。

そして、こうした事業で整備されたものを住民自らの手で守り育て、磨きをかけていくことこそが、まちづくりで大切なことであるという高い自治意識により、自主的な清掃活動などが行われています。

これからは、次世代のまちづくりを担う新しい人材を育て、地域の自立的発展のための産業をおこしていくことが課題となっています。

2004年に合併して飛騨市となったのを機に、市街地の町並みだけでなく、周辺の農山村地域も含めた日本らしい風景の保全・活用に向けた、新しいまちづくりの取り組みも始まろうとしています。

景観が美しいうるおいある地域づくり

4-3 40号：2005年冬

街並みづくり100年運動（山形県金山町）

住民の暮らしとともにある
コミュニティによる景観づくり

金山町産業課商工景観交流係長の藤山一栄さん（右）。「今後は"景観ビジネス"的な視点で仕掛けを考えていきたいです」同・建設課の小林和幸さん（左）。「街並み整備は生活道路から。住民の生活と一体化した取り組みが大切です」

イザベラ・バードが愛したまち

　最上川の上流に位置する人口約7,000人の山形県金山町。明治11年にこの町を訪れたイギリスの旅行家イザベラ・バードが「ロマンチックな雰囲気の場所」と称賛したように、樹齢250年を超す金山杉の美林と、金山杉を利用した美しい街並みが見られる町です。

　伝統的に環境美化の意識が高かったこの町では、昭和38年に今日の美しい景観づくりの原点ともなる「全町美化運動」が始まり、昭和46年には、全町民の共通目標として「美しい街づくり」が掲げられ、河川・水路の美化などが進められてきました。

「金山型住宅」による景観づくり

　しかし昭和50年頃、住宅の建替えが活発になり、伝統的な職人技術による美しい街並みが失われようとした時期がありました。そこで、これに歯止めをかけ、職人同士が刺激しあいながら技術を高めていくことを目的として、昭和53年に「住宅建築コンクール」が始まりました。

　コンクールを実施していくうちに、表彰される住宅の形として「切妻屋根に白壁の伝統あるおもむきの住宅」が見えてきました。これは町が目指す「風景と調和し、美しい町並みを形成する」住宅であることから、昭和59年の地域住宅計画（HOPE計画）により「金山型住宅」として位置づけられました。

　昭和61年には「金山町街並み景観条例」を制定し、町全体で100年スケールの景観づくりに取り組むという方針を打ち出しました。

　この条例は、町民による新たな景観づくりを支援するという点が特徴であり、金山型住宅に見合う住宅建築について積極的な助成や助言等を行っています。助成の上限は当初30万円で町の中心部だけが対象

明治時代の旅館の建物（左）と最近建てられた金山型住宅（右）。このように、家並みを崩さず調和するような配慮がされています

美しい木目と木の香り。金山杉は金山大工の職人技によって金山型住宅に生まれ変わります

平成16年11月には、金山杉を使った屋根付歩道橋「きごころ橋」が完成しました

DATA

景観づくりの経緯

昭和38年	「全町美化運動」が始まる
昭和46年	町民の共通目標として「美しい街づくり」が掲げられる
昭和48年	役場脇の水路に鯉を放流し、河川・水路の美化を実施
昭和53年	住宅建築コンクールが始まる
昭和59年	地域住宅計画（HOPE計画）を策定
昭和61年	「金山町街並み景観条例」を制定
平成7年	「蔵史館」（金山町街並みづくり資料館）が完成
平成8年	「くらしの道づくり計画」により、生活道路・水路・公園等の整備に着手
	「蔵史館」が建設省（現：国土交通省）の「手づくり郷土賞」を受賞
平成9年	「金山型住宅」建築への助成金を改正（全町対象・上限50万円に）
平成12年	街並み交流広場（蔵史館前広場）完成
平成14年	旧郵便局を復元した「交流サロンぽすと」が開館
平成16年	金山杉を使った屋根付歩道橋「きごころ橋」が完成

問い合わせ：金山町産業課商工景観交流係　〒999-5402　山形県最上郡金山町大字金山324-1
TEL：0233-52-2111　FAX：0233-52-2004　http://www.town.kaneyama.yamagata.jp/weblog/

街並み景観形成助成の推移

ピラミッド型をした金山三山（薬師山・中森・熊鷹森）とその麓に広がる街並み。国道13号を北上し上台峠を越えると、イザベラ・バードが愛した金山の風景が広がります

樹齢250年を超える金山杉の美林。この杉材を使った住宅建築により「地産地消」を実践しています

町を歩くと、あちらこちらで風景と調和した金山型住宅に出会います

米蔵と炭蔵を再生した「蔵史館」。手前は商工会事務局、奥はミニコンサートやギャラリーなどに利用されています

家並みと調和する石積みの水路「大堰」。春から秋には錦鯉が放流され、町民の憩いの場となっています

でしたが、現在は全町を対象に50万円が上限となっています。

平成17年度までに計1,085件、約1億8千万円の助成が行われ、町内の住宅の約3割が金山型住宅になりました。近年は、1年に約15件のペースで新築があることから、100年後には町全体（約1,800世帯）に金山型住宅の家並みが立ち並ぶ見通しです。

あくまでも主役は町民

平成8年度からは、「くらしの道づくり計画」に基づいて生活道路・水路・公園等の整備が行われ、個々の家が景観に配慮した道路や公園等で結ばれることで、美しい街並みが線となり、整備範囲の拡大により面となってきています。

街並みが整備されるにつれ、町を訪れる人も増えてきました。そのことが町民の意識を変化させ、今まで以上に町民の自発的な清掃活動が行われるようになり、ボランティアの「街並み案内人制度」なども行われ、交流人口の拡大に寄与しています。

金山町の街並みづくり100年運動の主役はあくまでも町民であり、町民にとって「安全で快適な住みよい美しい街」「誇りをもてる町」となるように進められてきました。また、「景観とは、個人の所有に帰属するものではなく、公共的なものである」という意識が、町民と行政の中で共有化されています。

町全体が一つのコミュニティとしてまとまりながら、町民のペースで一歩一歩着実に、暮らしとともにある金山町の景観づくりは、これからもその歩みを進めていきます。

景観が美しいうるおいある地域づくり

4-4 39号：2004年秋

シーニックバイウェイ北海道（北海道）

美しい景観と地域の魅力をつなぐ道と人のネットワーク

国土交通省北海道開発局の田村桂一さん。「北海道の景観と人々との交流を楽しんでもらえるように、地域の活動をこれからも支援していきます」

景観が美しいうるおいある地域づくり

ドライブ旅行人気を背景に

　旅心を誘う美しい風景が広がる北海道。この広大な北の大地で、"みち"をきっかけに地域と行政が連携し、「美しい景観づくり」「活力ある地域づくり」「魅力ある観光空間づくり」を行う、「シーニックバイウェイ北海道」という取り組みが進められています。

　シーニックバイウェイとは、景色（Scene）の形容詞シーニック（scenic）と、わき道を意味するバイウェイ（Byway）を組み合わせた言葉で、もともとは米国で始まった取り組みです。米国では、道路とその周辺地域を対象に、景観性・歴史性・自然性・文化性・レクリエーション性・考古学性という6つの観点で評価が行われ、ルートが指定されています。

　この仕組みを北海道に導入するにあたり、特に重視されているのは景観性です。というのも、北海道を訪れる観光客の多くが、沿道の景観を楽しみながらドライブ旅行をしているからです。平成15年2月、「北海道におけるシーニックバイウェイ制度導入モデル検討委員会」が設置され、おもな周遊ルートである「千歳〜ニセコルート」「旭川〜占冠ルート」の2つをモデルルートとして試行的に取り組みが始まりました。

地域主導の美しい景観づくり

　千歳〜ニセコルートは、羊蹄山や洞爺湖、支笏湖などの自然が織りなす表情豊かな風景が魅力で、温泉や体験観光、オートキャンプ場などもある総合的な周遊エリアとなっています。平成19年3月現在、活動団体数は23団体で、沿道の景観診断や清掃活動、花の植栽など、美しい景観づくりを主体的に実施するとともに、道の駅などを活用した情報交流拠点の設置を進めています。

　旭川〜占冠ルートは、大雪山・十勝岳連峰から日高

平成18年9月の集中活動月間中、羊蹄山を望む絶好のポイントにシーニックカフェがオープンしました

支笏湖湖畔を周遊できる国道453号（写真提供：北海道開発局）

沿道をきれいにしようと、多くの住民が参加して行われた一斉清掃活動「453（よごさん）キャンペーン」（写真提供：北海道開発局）

沿道植栽による広域的な花ロードづくり（写真提供：北海道開発局）

DATA

● 道内を周遊する観光客の交通手段
（平成11年北海道経済部資料）

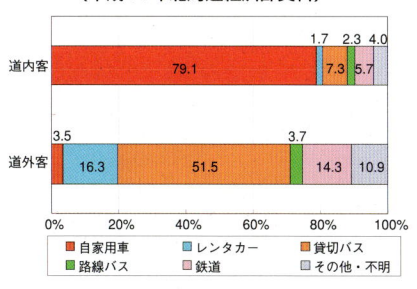

	自家用車	レンタカー	貸切バス	路線バス	鉄道	その他・不明
道内客	79.1		7.3	5.7	1.7	2.3 / 4.0
道外客	3.5 / 16.3	51.5	3.7	14.3	10.9	

● 今後希望する北海道旅行スタイル
（平成12年北海道開発局資料）

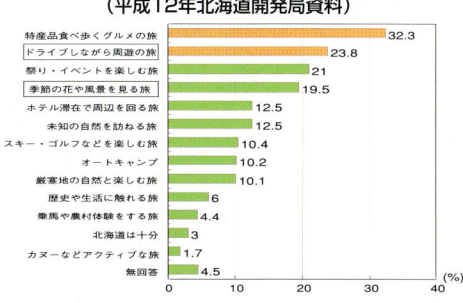

- 特産品食べ歩くグルメの旅　32.3
- ドライブしながら周遊の旅　23.8
- 祭り・イベントを楽しむ旅　21
- 季節の花や風景を見る旅　19.5
- ホテル滞在で周辺を回る旅　12.5
- 未知の自然を訪ねる旅　12.5
- スキー・ゴルフなどを楽しむ旅　10.4
- オートキャンプ　10.2
- 厳寒地の自然と楽しむ旅　10.1
- 歴史や生活に触れる旅　6
- 乗馬や農村体験をする旅　4.4
- 北海道は十分　3
- カヌーなどアクティブな旅　1.7
- 無回答　4.5

問い合わせ：国土交通省北海道開発局建設部道路計画課　〒060-8511　北海道札幌市北区北8条西2丁目　第一合同庁舎
TEL：011-709-2311（内線5357）　FAX：011-757-3270　http://www.scenicbyway.jp/

景観が美しいうるおいある地域づくり

山系へと続く雄大な山々と、なだらかな丘に広がる畑の風景が魅力です。平成19年3月現在、活動団体は19団体で、花畑による美しい景観づくりや、情報発信のためのホームページづくり、農業と観光を結びつけた地産地消の追求などの取り組みが行われています。

取り組みを推進するためのポイントは3つ、「地域住民主体の運営体制づくり」「ブランド形成によるコミュニティビジネスの創造」「持続的サポートのための仕組みづくり」で、地域の主体的活動を重視しつつ、行政（国・道・市町村）が、活動を支える「舞台装置づくり」として、情報の共有化や美しい沿道景観づくりのためのアンケート調査、シーニックバイウェイのブランド確立を目指した広報活動などを行っています。

地域発案型の取り組み

約2年間の試行期間を経て、平成17年より本格展開が始まっています。平成17年3月に推進母体であるシーニックバイウェイ北海道推進協議会が設立され、平成19年3月現在、道内の6ルートで活動が展開されています。また、後に上記推進協議会が支援組織として指定したシーニックバイウェイ支援センターも設立し、多様な支援活動が進められています。

シーニックバイウェイ北海道は、地域の方々と行政が連携し、「美しい景観づくり」「活力ある地域づくり」「魅力ある観光空間づくり」を進めるもので、地域発案型の取り組みになっています。エリアの範囲、ルート名称、ルートのテーマなどは全て地域からの提案によるもので、住民参加というよりは、行政参加で進められています。また、シーニックバイウェイの全国版として、日本風景街道の制度等が検討されています。シーニックバイウェイ北海道としても、先進地としてふさわしい活動・取り組みを進めていきたいと考えています。

なだらかな丘を登り降りしながら、田園風景の中をまっすぐに伸びる"ジェットコースターの道"（写真提供：北海道開発局）

畑作物のいろどりが美しい美瑛（びえい）の丘（写真提供：北海道開発局）

レンガ造りの旧農業倉庫を活用した情報交流拠点「ふらの広場」。エコミュージアム構想も進めています

沿道景観を評価し、課題について検討した景観診断（写真提供：北海道開発局）

馬に乗って大自然をめぐるホーストレッキング（写真提供：北海道開発局）

4-5 30号：2002年夏

旧城下町のまちづくり（愛知県犬山市）

住民参加による城下町の活性化とまちなみ整備

景観が美しいうるおいある地域づくり

犬山市まちづくり推進課の皆さん。地域の人たちとともに、犬山市のまちづくりを進めています

城下町の景観保全がきっかけ

　木曽川南岸にそそり立つ犬山城は、別名白帝城とも呼ばれ、現存する日本最古の天守閣は、国宝にも指定されています。城下町は、自然の崖や外堀、木戸、社寺により城外からの攻撃に備えた「総構え」を特徴とし、第2次世界大戦の戦災を免れたため、現在も、古くからの町割・町名が残されています。

　平成2年、城下町の東側に高層マンション建設が計画されたのを契機に、平成5年、犬山市都市景観条例が制定されました。その後、住民の同意のもと、地区ごとに重点地区指定が行われ、まちづくり拠点施設やポケットパークの整備、道路の景観整備などが行われています。行政と地区の間には、まちづくり協定が結ばれ、各地区には、全世帯が加入するまちづくり委員会が設置されています。市では、地区からの要望を受けて、ハード整備を進めるとともに、建物の修景助成などを行っています。

まちづくり拠点施設を中心に

　まちづくり拠点施設は、地域のまちづくり勉強会によって提言されたものです。ワークショップによる議論を踏まえ、現在、3つの施設がオープンしています。

　平成12年、最初に整備されたのが「どんでん館」（中本町まちづくり拠点施設）です。「どんでん館」は、城下町の活性化、伝統文化の保存・伝承などをテーマにした施設で、「どんでん」とは、370年の歴史を誇る犬山祭りの車山が方向転換する様子のことを表しています。館内には、車山が4輌展示されており、光や音で犬山祭りの一日を体験することができます。また、映像やパネルで城下町の歴史を紹介する企画展示室や、住民が自主的にまちづくり活

中本町まちづくり拠点施設「どんでん館」。犬山祭りの車山（やま）が展示されており、まちづくりを行うための活動室・交流ルームもあります

どんでん委員の皆さん。どんでん館の企画・運営を担当しています

国宝犬山城。別名白帝城とも呼ばれています

58

DATA

これまでの経緯

平成2年	城下町東側に持ちあがった高層マンション計画が発端となり、都市景観条例制定の気運が高まる
平成5年	犬山市都市景観条例制定
平成6年	犬山市都市景観条例施行規則制定、重点地区指定始まる 都市景観形成助成（建物助成）始まる
平成8年	街なみ環境整備事業 犬山城下町地区大臣承認を受ける
平成9年	魚屋町ポケットパーク「井戸端まっさき」が愛知県「人にやさしい街づくり賞」を受賞。どんでん館などの公共整備が順次始まる
平成12年	「どんでん館」オープン。大本町通り美装化完了 都市景観大賞都市景観100選受賞
平成13年	「しみんてい」オープン 国土交通省「手づくり郷土賞」受賞
平成14年	「余遊亭」オープン

問い合わせ：犬山市都市計画課　TEL：0568-61-1800　FAX：0568-61-6854
http://www.city.inuyama.aichi.jp/

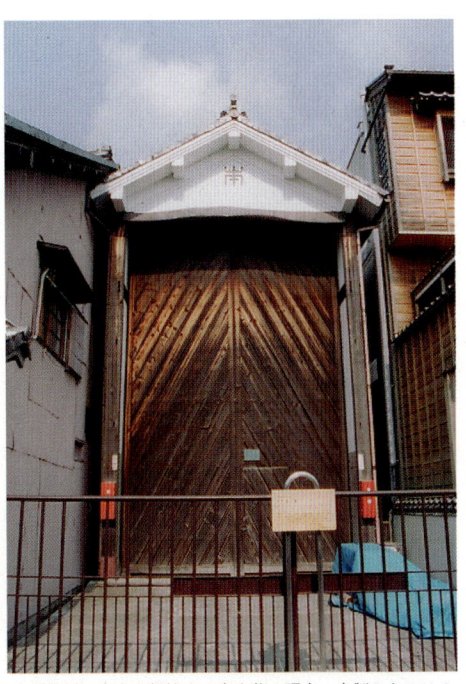

景観が美しいうるおいある地域づくり

動・交流を行う「活動室・交流サロン」なども設けてあります。現在は、30代を中心とした「どんでん委員」によって企画・運営が行われており、コンサートやお茶会、野外映画会などのイベント会場としても利用されています。

「どんでん館」に続き、「しみんてい」（大手門まちづくり拠点施設）と「余遊亭」（余坂木戸まちづくり拠点施設）がオープンしています。「しみんてい」には、「市民活動支援センター」が併設され、「余遊亭」には、各種イベントの開催による「まちづくりの実践の場」としての役割が与えられています。

観光客との触れ合いも

大本町通りでは、住民参加によって「歩いてくらせる町」をテーマにした道路の景観整備が行われています。古いまちなみに調和するよう、舗装や照明器具を配色し、植樹帯を設けて通過車両のスピードを抑えるなどの工夫がされています。また、魚屋町には、かつての井戸を残したポケットパークが整備されています。

拠点施設やまちなみの景観保全などが進められたことで、犬山城を訪れ、そのまま帰ってしまっていた観光客が、城下町内を周遊するようになっています。拠点施設には、観光客と住民との触れ合いの場としての機能も期待されています。また、成果が具体的に現れてきたことで、住民のさらに積極的な参加も見られるようになっています。

平成12年、都市景観大賞都市景観100選に選定、平成13年、国土交通省「手づくり郷土賞」を受賞するなど、これまでの活動が各所で高い評価を受けています。

4-6 27号：2001年春

馬瀬川エコリバーシステム（岐阜県下呂市（旧馬瀬村））

「森」と「川」と「人」が奏でる清流文化の村づくり

「川にこだわった日本一の清流文化の村をつくりたい」と語る馬瀬村役場助役の小池永司さん（左）と、「自然環境の保全と住民の安全・生活を両立させることは難しいが、そうした中で馬瀬村の魅力を再認識していきたい」と語る同総務課長の二村満夫さん（右）

合併を見据えて

　下呂市馬瀬地域（旧馬瀬村）は、東海3県の水瓶である「岩屋ダム」の上流に位置し、鮎釣りで全国的に有名な「馬瀬川」が貫流する人口約1,400人の過疎山村で、地域の活性化が大きな課題の地域です。

　合併後の独自の地域づくりのためにフランスの「地方公園制度」を全国で初めて取り入れ、馬瀬地域の8つの資源（宝）を活かす住民憲章を定め、平成16年2月に村全域を「馬瀬地方自然公園」に指定しました。合併後の平成17年8月2日には地元有志18名による「馬瀬地方自然公園・住民憲章推進協議会」が設立し、特色のある地域として発展し、住民が自然豊かな馬瀬地域に対する誇りを高め、全国に馬瀬地域の特色をPRする取り組みを進めています。また、住民憲章の啓蒙普及、各種実践活動の推進を目的とする活動を実施し馬瀬地域全域の住民が公園づくりに参加できるような取り組みを進めています。

　また、平成19年10月4日には、日本の農山村の美しい自然景観や伝統文化などを守る活動を行っているNPO法人「日本で最も美しい村」連合への加盟が認められました。同連合は平成17年度に北海道美瑛町など7町村が結成し、現在11町村が加盟していますが、「地域」として加盟が認められたのは馬瀬地域が全国で初めてとなります。

「森」と「川」と「人」のハーモニー

　発端となったのは、平成8年に策定された「馬瀬川エコリバーシステムによる清流文化創造の村づくり構想」でした。「馬瀬川エコリバーシステム」は、馬瀬の「森」「川」「人」が、有機的な結びつきによって、ひとつの生態系的なまとまりを持っていること、そのことが、馬瀬村の魅力である美しい景色を

美しい川の流れと山村景観は馬瀬の最大の魅力です

フランス山村の「地方自然公園制度」や地域住民の景観保全への取り組みを学び、それを村づくりに活かしていくために、毎年、村民調査隊がフランスに派遣されていました

「川のインストラクター養成講座」は毎年6回ほど開催されていました。講座内容も、森林、釣り、炭焼き、応急手当体験、薬草、野鳥調査などさまざまです

DATA

馬瀬川エコリバーシステムによる清流文化創造の村づくり　六大プロジェクト
- 美しい山村景観を保全するプロジェクト
- 川と人とのふれあいを深めるプロジェクト
- 森と人とのふれあいを深めるプロジェクト
- 清流および森林の環境保全プロジェクト
- 農と人とのふれあいを深めるプロジェクト
- 山村の情報を受発信するプロジェクト

問い合わせ：下呂市馬瀬振興事務所市民生活課
TEL：0576-47-2111　FAX：0576-47-2621

近年の主な取り組み
平成17年
・馬瀬地方自然公園・住民憲章推進協議会の設立
・馬瀬魅力再発見ウォッチング開催
・岐阜大学生と馬瀬地域の活性化についての意見交換会
平成18年
・馬瀬地区内グループ調査
・班長会議
平成19年
・NPO法人「日本で最も美しい村連合」へ加盟

景観が美しいうるおいある地域づくり

「日本で最も美しい村」連合のロゴマーク

近年は温泉施設も整備され、馬瀬村には釣り客も含めて年間30万人が訪れます。写真（下）は、馬瀬十景のひとつにも選ばれた「美輝の湯」周辺

「馬瀬地方自然公園研究会」現在も年1回開催されています。写真は、「18年度研究会」の様子

「サイン（看板）整備」は、統一のイメージデザインで構成（右上・右下）。ガードレール（外側）の塗り替えによる景観保全も行われています（左）。また、村民の協力のもと、馬瀬村のほぼ全域が「屋外広告物条例」の禁止地区に指定されています

つくりだしていることから名付けられた村づくりのキーワードです。この構想は、村民や関連機関の代表などが集まった村づくりの勉強会「森林山村活性化研究会」が、2年間の研究成果として発表しました。

村づくりは、6つのプロジェクトとして具体的に展開されました。そのなかで、最初に取り組まれたのが「美しい山村景観を創るプロジェクト」です。「馬瀬十景」は、村民自身が、集落の中で一番美しい場所を選んだものです。ガードレールや馬瀬川の橋を塗り替える景観整備や、統一イメージに基づく「サイン（看板）整備計画」も進められています。美しい景観を守ることが、馬瀬村の自然環境を守るとともに、住民に、馬瀬の素晴らしさを認識してもらうことになります。エコリバーシステムを支えるその他のさまざまな取り組みも進められています。「川遊びステーション」や「親林・親水遊歩道」の整備は、川や森に親しめる憩いの空間づくりを目的としたもの、「渓流魚つき保全林」の整備は、川の水質と魚の生息環境、両方の保全を目的としたものです。

住民も参加し長期的な取り組みへ

村づくりを支える人づくりも活発に行われています。平成8年から平成15年までの「フランス山村への調査隊」の派遣は、今年で5年目。毎年、村民4人と職員1人が、フランスの先進地域を10日間訪れ、たくさんのことを学びました。こうした人たちは、現在、村づくりのさまざまな場面で活躍しています。

今後は、平成18年に策定された3ヵ年計画「馬瀬地方自然公園づくりプラン」に基づき事業を進め、公園づくりを継続、発展させていくために、多くの住民をまきこみ自分たちが住み良く、多くの観光客が訪れ魅力を感じる地域づくりに取り組んでいきます。

4-7　3号：1995年夏

丸山千枚田の保護（三重県熊野市（旧紀和町））

山の頂から麓まで、一枚一枚暮らしに生きた伝統を取り戻す

千枚田の存亡の危機

　紀和町（現熊野市）は、三重県南部の熊野市の南西部に位置し、比較的温暖な多雨地帯で、冬季の積雪が少ない地域です。その中央部に位置する丸山地区には、南西向きの斜面を埋め尽くすように棚田が広がっています。これは「千枚田」と呼ばれ、幾何学的な模様が四季の変化を映し出し、美しい景観を形成しています。この地区では1601年に2,240枚の水田があったという記録があり、昭和30年代まではほぼそのままの姿が残っていました。しかし、それ以降、高度経済成長の中で若年層が都市部へ流出し、後継者不足が生じたことに加え、減反政策などが重なり、作業効率の悪い棚田は徐々に耕作が放棄されていきました。その結果、明治期には2,400枚以上あった棚田は、平成初期には、約530枚まで減少し、存亡の危機にさらされました。

再生に向けた住民と市の密接な連携

　このような状況の中、「先祖から受け継いだ千枚田を復元したい」という地元住民の熱意と、「貴重な地域資源である千枚田を復元することにより地域振興を図り、地域活性化に繋げていきたい」という行政との思いが一致し、平成5年4月に行政の100％出資により、千枚田の保存を担う「（財）紀和町ふるさと公社」が設立されました。また同年8月には丸山地区住民で構成される「丸山千枚田保存会」が発足し、行政を含めた3者による千枚田復元に向けた連携体制が整えられました。

　復元活動は、雑木を切り倒すことから始まり、さらに、切り株を掘り起こし、崩れた石垣を積みなおすなどの困難な作業を年間約90日以上行いました。その結果、平成9年には約1,340枚まで復元が進みま

夏の千枚田全景

田植え後の千枚田

景観が美しいうるおいある地域づくり

DATA

これまでの経緯

平成8年	オーナー制度導入	平成17年	保全事業活動主体が紀和町から紀和町ふるさと公社へ
平成9年	千枚田荘オープン		
平成11年	日本の棚田百選に認定	平成17年11月	熊野市と紀和町が合併（熊野市となる）
平成11年	守る会制度導入		
平成11年9月	全国棚田サミットが丸山千枚田で開催		
平成16年	千枚田保存会が「立ち上がる農山漁村」認定		

問い合わせ：熊野市紀和総合支所　地域振興課　〒519-5413　三重県熊野市紀和町板屋78
　　　　　　TEL：05979-7-1113　FAX：05979-7-1003

オーナーによる田植えの風景

オーナーによる稲刈りの風景

保存会のメンバーによる稲刈り作業風景

した。杉の植林が行われた田の復元は容易なことではないことから、それ以降復元は行われていません。

伝統と誇りを守り続けるために

　平成6年には、千枚田を貴重な文化資産ととらえ、行政・住民が一体となって景観の保護に努めるとともに、有効に活用することにより"ふるさと"づくりに資することを目的とした「丸山千枚田条例」が制定されました。また、平成8年度には、「都市住民との交流を深めることにより、一緒に千枚田を守っていこう」という趣旨のもと、オーナー制度が導入されました。現在は、ふるさと公社が管理している田の一部をオーナー田として活用しており、平成18年には123組がオーナーとなっています。また、平成11年度からは「千枚田を守る会」という新たな制度を設け、協力金のみの制度もスタートしています。

　しかし、これだけの規模の棚田を維持・保全していくには課題もあります。丸山地区住民の高齢化により耕作放棄地が少しずつ増加しており、また同様に、保全作業を行う千枚田保存会自体の高齢化も避けられない状況にあるため、保存会員の負担が年々増大しているのが現状です。今後は保存会と共に情熱を持って作業していただける協力者を募っていく必要があります。

　このような状況下、ふるさと公社が中心となって丸山千枚田ならではの素晴らしい景観と稲作文化、さらに地域性を活かした体験交流を促進し、集客を図るとともに幅広く支援の輪を広げ、貴重な文化資産「丸山千枚田」を守り続けていきます。

景観が美しいうるおいある地域づくり

その他の事例

4-8　22号：2000年冬
蔵造りを活かしたまちづくり（埼玉県川越市）

川越商人の誇り"蔵造り"を活性化に！
歴史をテーマにした商店街の再生

　蔵造りの町として年間550万人を超える観光客が訪れる埼玉県きっての観光地・川越は、昭和40年代は活気を失いつつある商店街でした。周囲が近代的な商店街へ変貌していく中、川越では蔵造りの価値を再評価する声が高まり、昭和58年に「川越蔵の会」（平成14年にNPO法人化）が、昭和62年には「町並み委員会」が発足し、同年、まちづくりのルールとなる「町づくり規範」を制定しました。この活動の結果、平成11年に「重要伝統的建造物群保存地区」の指定を受け、平成12年度都市景観大賞を受賞し、現在でも年々川越を訪れる人が増え続けています。

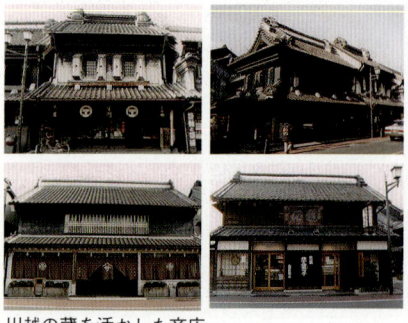

川越の蔵を活かした商店

問い合わせ：川越市 都市景観課
〒350-8601　埼玉県川越市元町1丁目3番地1
TEL 049-224-8811　　FAX 049-225-9800
E-mail：toshikeikan@city.kawagoe.saitama.jp

4-9　10号：1997年冬
ふるさと創生基金（旧 ゆめさき基金）（三重県伊賀市（旧大山田村））

住民が計画実行する　ふるさと創生基金
（旧 ゆめさき基金）活用事業

　三重県大山田村（現伊賀市）では、平成元年のふるさと創生などの交付金を積み立てた「ゆめさき基金（現ふるさと創生基金）」を地域づくりに活用するものとして位置づけました。これを活用した事業の一環として、住民による景観に関わる計画づくり・整備の助成制度「地域づくり景観整備事業補助金」（平成17年度終了）を設置しました。大山田地域24地区のうち、20地区で住民グループが立ち上がり、住民が作成した計画書は25冊となっています。また、住民と行政、大学が協力し、地場産業を活用した常夜灯設置について評価検討を繰り返し、現在では78基が地域のランドマークとなっています。

いぶし瓦の家並み

問い合わせ：伊賀市　大山田支所　総務振興課
〒518-1422　三重県伊賀市平田652-1
TEL 0595-47-1150　　FAX 0595-46-1764
E-mail：osoumu@city.iga.lg.jp

4-10　2号：1995年春
開田高原の景観づくり（長野県木曽町（旧開田村））

美しい自然との調和を考えた村づくりは
すでに20年の歴史があります

　長野県開田村（現木曽町）は、木曽御嶽を目前に、海抜1,100m余の場所に広がる地域です。昭和47年に建物の高さや色、広告看板等についての規制が盛り込まれた「開田高原開発基本条例」が制定され、以後、「自然との共生」を実現するための様々な取り組みがなされています。平成6年には町（旧開田村）からの要望に答える形で、国道361号の道路標識のポールが白から茶に交換されたほか、公衆電話ボックスが色・形ともに景観に馴染む特別製のものになりました。平成18年にはNPO法人「日本で最も美しい村」連合に加入し、これからさらに、小さくても輝く農山村の魅力を発信しつづけていきます。

御嶽とそばの花

問い合わせ：木曽町開田支所
〒397-0392　長野県木曽郡木曽町開田高原西野623-1
TEL 0264-42-3331　　FAX 0264-42-3434
E-mail：k-soumu@town-kiso.net

5. 人にやさしい安全・安心の地域づくり

5-1	生活バス四日市 (三重県四日市市)	p66
5-2	高齢者福祉のむらづくり (長野県泰阜村)	p68
5-3	デマンド式ポニーカーシステム(岐阜県飛騨市(旧河合村・宮川村))	p70
5-4	グループみんなの道 (静岡県静岡市 (旧清水市))	p72
5-5	災害ボランティアネットワーク鈴鹿 (三重県鈴鹿市)	p74
5-6	バリアフリーのまちづくり (岐阜県高山市)	p76
5-7	鎌ヶ谷市交通事故半減プロジェクト (千葉県鎌ヶ谷市)	p78
その他の事例		p80
5-8	ふれあいバス運営協議会 (愛知県豊田市)	
5-9	いなべ市農業公園 (三重県いなべ市 (旧藤原町))	
5-10	エコマネー「ZUKA」 (兵庫県宝塚市)	

災害ボランティアネットワーク鈴鹿

5-1 49号：2007年春

生活バス四日市（三重県四日市市）

生活の足は自分たちで守る
NPOによるコミュニティバス

NPO法人生活バス四日市理事長の西脇良孝さん（右から2人目）。「多くの人に乗ってもらいたい。そしてこのシステムが他の地域へも広まってほしいです」三重交通株式会社の水谷幸和さん（左から2人目）。「乗務員教育や安全、環境面に配慮しながら、現在の取り組みを長く続けていきたいです」四日市市都市計画課の伊藤真人さん（左）と笹匡さん（右）。「全国でも珍しい仕組みであり、行政としても支援していきたいです」

人にやさしい安全・安心の地域づくり

赤字バス路線の廃止

　三重県四日市市に、廃止された民間バス路線に代わるコミュニティバスを運営しているNPO法人「生活バス四日市」があります。

　四日市市の羽津地区では、市の中心部への民間バス路線が、利用者低迷のために平成14年5月に廃止されることになりました。これにより公共交通の空白地域となることに危機感を抱いた羽津地区内のいかるが町（人口約1,700人）では、住民アンケートを実施しました。

　その結果、高齢者を中心に「買い物や病院へ行くのに不便になる」との声が数多く寄せられ、いかるが町自治会では市やバス事業者に対してバス路線の存続を要望しました。しかし、廃止の方針は変わらず、住民たちは生活の足となるバスの自主運行について検討をはじめました。

企業からの協賛金を得て

　具体的なアイディアとして浮かび上がってきたのは、地元のスーパー（スーパーサンシ）が他地域で運行していた、買物客向けの無料バスの仕組みを応用することでした。

　スーパーと住宅地以外に、駅や沿線の病院・福祉施設などにもバスが停まるようにし、沿線事業者からの協賛金を受けて運行するという案に、スーパーも地域貢献の一環として積極的に協力することになりました。

　こうして、自治会を中心とする有志がバス路線の検討や協賛事業者の確保などに奔走し、平成14年9月に「生活バス四日市運営協議会」が発足して、バス路線の決定や地元説明会などが行われました。

　さらに11月からは、運賃無料による試験運行が行わ

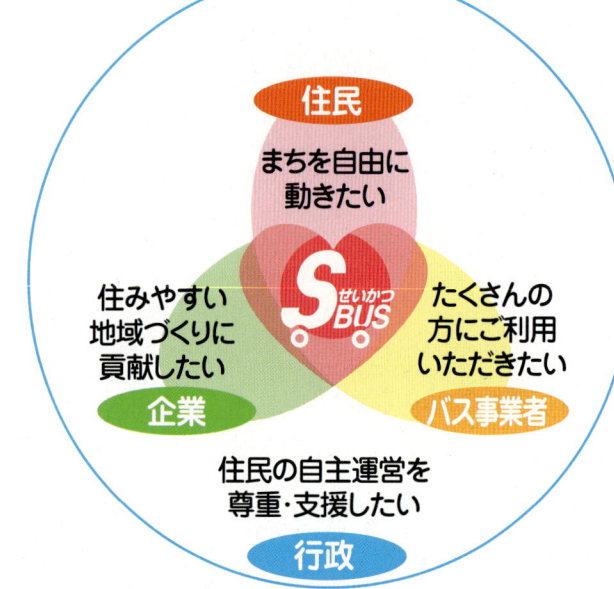

住民・企業・バス事業者・行政の協力関係

- 住民：まちを自由に動きたい
- 企業：住みやすい地域づくりに貢献したい
- バス事業者：たくさんの方にご利用いただきたい
- 行政：住民の自主運営を尊重・支援したい

運営協議会での活動報告

「生活バス」の名前のとおり、多くの住民が生活の足として利用しています

66

DATA

運行概要

運行経路	スーパーサンシ〜東垂坂〜いかるが〜別名〜四日市社会保険病院〜大宮町〜かすみがうら駅
運行時間	8〜18時台
運行本数	1日5.5往復
運行間隔	2時間間隔
路線距離	8.4km
停留所数	21ヶ所（約200〜300m間隔）
運行日	週5日間（月〜金）※祝日、振替休日も運休

運賃制度

1回乗車		100円
回数券（11枚）		1,000円
応援券	1ヶ月	1,000円
	6ヶ月	5,000円
	1年	10,000円

問い合わせ：NPO法人生活バス四日市　〒510-0012　四日市市大字羽津戊595番地
TEL&FAX：059-361-6686　http://www.rosenzu.com/sbus/

「生活バス四日市」の路線図

試験運行に向けた住民説明会

試験運行開始のテープカット（平成14年11月）

起終点となっているスーパーには多くの乗降客があります

協賛してくれている沿線の病院にも立ち寄ります

●バス乗降人員の推移（月別1日平均）

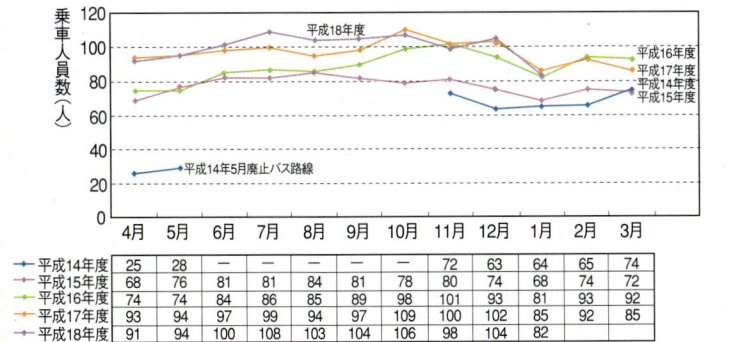

	4月	5月	6月	7月	8月	9月	10月	11月	12月	1月	2月	3月
平成14年度	25	28	—	—	—	—	—	72	63	64	65	74
平成15年度	68	76	81	81	84	81	78	80	74	68	74	72
平成16年度	74	74	84	86	85	89	98	101	93	81	93	92
平成17年度	93	94	97	99	94	97	109	100	102	85	92	85
平成18年度	91	94	100	108	103	104	106	98	104	82		

人にやさしい安全・安心の地域づくり

れました。バスの運行は地元のバス事業者（三重交通）に委託しましたが、バス事業者側も地域貢献として通常より安い金額で運行を引き受け、4ヶ月間の試験運行では1日平均約70人の乗車がありました。

住民自らが企画・運営

こうした実績をふまえ、平成15年4月に運営協議会はNPO法人となり、住民主体による本格運行がはじまりました。そして、NPOの自主運営を尊重しつつ後方支援するため、市でも補助金交付要綱を制定しました。

バス路線は、近鉄霞ヶ浦駅とスーパーの間（約8.4km）を約31分で結び、月〜金曜に1日5.5往復しています。地域に密着した「生活バス」とするため、バス停は病院や福祉施設をはじめ、200〜300mごとに設置しています。

本格運行後は運賃が有料（1回100円）となりましたが、年々乗降人員は増加しており、平成18年度は1日平均約100人が利用しています。

運行経費はバス事業者への委託料などで毎月約90万円かかりますが、運賃収入（約10万円）に加えて、沿線事業者からの協賛金（約50万円）や市からの補助金（約30万円）によって運営されています。

NPOでは、ふだんバスを利用しない住民にも運営を応援してほしいという意味も込めて、定期券に相当する「応援券」を発行しています。そして注文があると、NPOのメンバーが直接自宅に配達するなど、地域のコミュニケーションを大切にしています。

今後さらに住民が利用しやすいバスとなるように、運行開始後の利用状況データをもとに、新たなバス停の設置も検討しています。生活の足を自分たちで守る、主体的な住民の取り組みがこれからも継続してくことが期待されます。

5-2 48号：2007年冬

高齢者福祉のむらづくり（長野県泰阜村(やすおか)）

村民の暮らしに根ざした独自の福祉・医療サービス

人にやさしい安全・安心の地域づくり

泰阜村住民福祉課保健福祉係長の池田真理子さん（左）。「いつまでも生きがいを持って暮らせる村にしていきたいです」泰阜村診療所医師の佐々木 学さん（右）。「高齢者のニーズも多様化していますが、一人ひとりの意思を大切にしてあげたいです」

在宅福祉のさきがけ

　長野県下伊那郡の東南部に位置する泰阜村は、人口約2千人、高齢化率約38％の過疎の山村です。

　この村は、約20年前から在宅福祉に力を入れてきた先進地であり、「高齢者が地域社会の中で人間らしい老後を送り、住み慣れた家で人生の最期を迎えられるお手伝いをすることが行政の責任である」という考えのもと、ノーマライゼーション（通常生活の継続）・自己決定・社会参加を三原則とする高齢者福祉を進めています。

　村に転機が訪れたのは昭和59年。当時の診療所医師が、大半の患者が高齢者という状況のなかで、幸せな老後のために医療ができることの限界を痛感したのがきっかけでした。

　「高齢者のために重要なのは、医療よりも福祉である」と考えた医師は、診療所スタッフたちとともに、高齢者のための在宅福祉の取り組みを始めました。

村独自の福祉・医療

　当時、村では家族による介護が当たり前であり、ヘルパーによる在宅介護を受けることには抵抗がありました。しかし、診療所スタッフたちの熱意と努力により、しだいに在宅福祉の考え方が浸透し、昭和63年には、軽トラックに風呂桶を積んだ、現在の在宅入浴にあたるサービスが始まりました。

　また、診療所の医療費を村が肩代わりし、ヘルパー派遣などの在宅サービスもすべて無料にすることで、平成12年に介護保険が始まるまでは、どのような医療・福祉サービスを受けても高齢者は原則無料という環境が整えられました。

　介護保険が始まってからは、制度上、高齢者からも介護保険料を徴収することが必須になりましたが、利

高齢者が自宅で安心して暮らせるように、介護ヘルパーによる在宅介護などのサービスが充実しています

併設されている保健福祉支援センターと診療所。相互連携によりサービスを提供しています

高齢者のための共同住宅「やすらぎの家」。自宅同様に介護サービスが受けられます

山に囲まれて集落が点在する泰阜村の風景

DATA

村独自の介護保険対策

1. 利用料の村負担
   ・通常：利用料の10%を自己負担 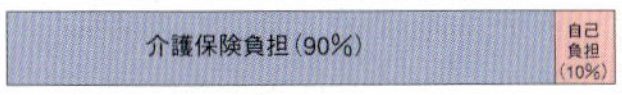
   介護保険負担（90%） 自己負担（10%）
   ・泰阜村：自己負担は利用料の4%
   介護保険負担（90%） 村負担（6%）自己負担（4%）

2. 上乗せサービスの村負担
   ・通常：限度額を超えた分は全て自己負担 
   サービス限度額 | 全額自己負担
   ・泰阜村：限度額を超えた分は全て村負担
   サービス限度額 | 全額村負担

老人一人あたり年間医療費の比較

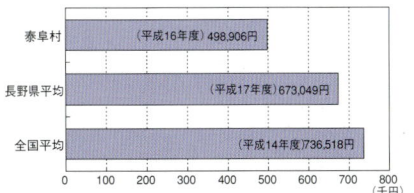

泰阜村：（平成16年度）498,906円
長野県平均：（平成17年度）673,049円
全国平均：（平成14年度）736,518円

問い合わせ
泰阜村住民福祉課保険福祉係
〒399-1895　長野県下伊那郡泰阜村3236番地1
TEL：0260-26-2111　FAX：0260-26-2553
http://www.vill.yasuoka.nagano.jp/

人にやさしい安全・安心の地域づくり

用料の10％負担のうち6割を村が負担することで、高齢者の負担をわずか4％に抑え、さらに介護保険による限度額を超えた上乗せサービス分についても、村が全額負担することにしました。また、診療所の医療費も、自己負担額は1回500円、月2千円（4回分）を上限とし、年間40～50万の年金で暮らす多くの高齢者が、十分な福祉・医療サービスを受けられる仕組みとしました。

こうした村独自の福祉・医療施策により、自宅で最期を迎える人が多くなるとともに、老人医療費が下がり、一人あたりの老人医療費が県内で最も安い村となっています。

拠点施設と新たな展開

平成12年には、新たな拠点施設として診療所と保健福祉支援センターを一体的に整備し、保健・医療・福祉の相互連携による総合的なサービスを提供しています。

また、病気や心の不安などにより自宅で生活できない高齢者のために、「やすらぎの家」という共同住宅を整備し、自宅同様に介護サービスを受けられるようにしました。

平成16年に創設した「泰阜村ふるさと思いやり基金」では、在宅福祉サービスのために、目標額の500万円を超える寄付金が集まり、平成18年度には、この基金を活用して体の不自由な高齢者を海外旅行に案内する事業を実施しました。

平成18年9月からは、都市住民との交流により総合的な福祉の実現を目指す「高齢者協同組合 泰阜」の試みも始まりました。

村民が安心して生きがいを持って暮らすための福祉の取り組みは、今後も進んでいきそうです。

診療所医師による自宅への往診。高齢者とのコミュニケーションによる心のケアも大切にしています

保健福祉支援センターでの食事のデイサービス

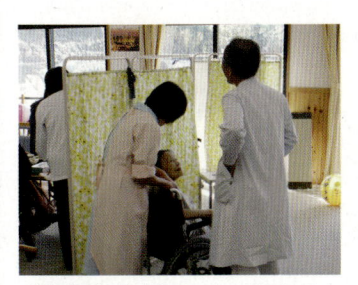

診療所医師がデイサービスの部屋にも立ち寄り、問診をします

往診に出発する診療車。ほとんど毎日往診に出かけます

5-3　45号：2006年春

デマンド式ポニーカーシステム（岐阜県飛騨市（旧河合村・宮川村））

構造改革特区から始まった高齢者にやさしい交通サービス

飛騨市河合振興事務所管理課の鍼 宗一さん（左）。「お年寄りに喜んでもらえていることがうれしいです」河合村商工会の玉腰錠次さん（右）。「ポニーカーをもっと気軽に利用してもらえるよう、PRしていきたいです」

人にやさしい安全・安心の地域づくり

公共交通に乏しい過疎地で

　岐阜県の最北端に位置する飛騨市河合町・宮川町（旧河合村・宮川村）。過疎化と高齢化が大きな課題となっているこの地域では、人口減少により民間バスが撤退し、公共バスの運行本数も少ないことから、自分で車を運転できない高齢者等にとっては、日常生活における移動が不便な「公共交通の空白地帯」となっていました。

　こうした状況を踏まえ、旧河合村・宮川村では、高齢者等の移動手段を確保するために、自家用車を使って住民ボランティアが有償運送を行う「デマンド式ポニーカーシステム」を構造改革特区として申請しました。

　自家用車による有償運送（いわゆる白タク行為）は道路運送法で禁止されていますが、この地域では、交通手段に乏しい過疎地での特例措置として平成15年8月に認定を受け、同年11月に運行をはじめました。

好評のポニーカー

　サービス当初は、シルバー人材センターが事務局となり、57～70歳までで運転歴10年以上のベテランドライバーを運転手として登録しました。

　サービスを利用できるのは、事前登録を行った65歳以上の高齢者か運転免許を持っていない成人です。利用したい日の前日までに事務局に電話で予約すると、事務局の方で予約の時間や場所などを考慮して運転手を選び、連絡をとります。当日は、愛らしいポニー（小馬）の絵のマグネットシートをつけた自家用車（ポニーカー）で、運転手が迎えに来ます。

　利用料金は一人片道100円で、これに加えて行政から400円が支給され、運転者は合計500円を受け取る仕組みになっています。

　利用時間は平日の午前9時から午後4時までで夜間は対象外ですが、自宅から町内の診療所や最寄りの角川駅

愛らしいポニー（小馬）の絵が目印のポニーカーで、ボランティアの運転手さんが自宅まで迎えにきてくれます

ポニーカーの主な目的地となっている診療所（左）と角川駅（右）

河合村役場（現：河合振興事務所）前で行われたデマンド式ポニーカー出発式（平成15年11月）

ポニーカーの運営について話し合う有償運送運営協議会

70

DATA

これまでの経緯

平成15年7月	構造改革特区「河合・宮川村デマンド式ポニーカーシステム有償運送特区」の申請提出
平成15年8月	同上特区の認定を受ける
平成15年11月	デマンド式ポニーカーシステムの運行開始（事務局：シルバー人材センター）
平成16年2月	河合村・宮川村・古川町・神岡町が合併し飛騨市誕生
平成16年3月	国土交通省が道路運送法の許可基準見直しを全国に通達
平成17年4月	事務局を河合村商工会（現 北飛騨商工会）に移行

○会員登録人数　316人
○有償運送登録車両台数　20台

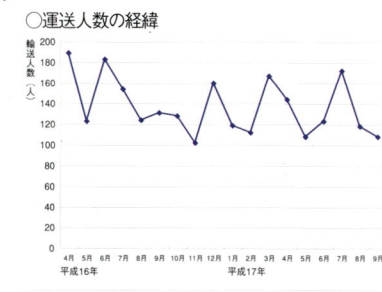

●運送人数の経緯

問い合わせ：北飛騨商工会事務所　TEL：0577-65-2246（河合事務所）、0577-63-2232（宮川事務所）
http://www.kitahida.org/index.shtml

運転手さんは顔見知りの人なので安心です

地域内には市営バスも走っていますが、本数が少なくバス停まで遠いのが難点です

●飛騨市河合町・宮川町の高齢化率

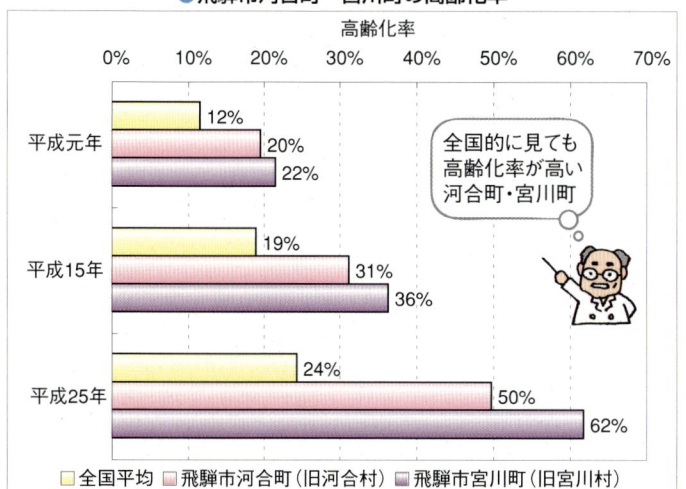

	全国平均	飛騨市河合町（旧河合村）	飛騨市宮川町（旧宮川村）
平成元年	12%	20%	22%
平成15年	19%	31%	36%
平成25年	24%	50%	62%

全国的に見ても高齢化率が高い河合町・宮川町

出典：飛騨市河合振興事務所資料、総務省統計局「推計人口」及び国立社会保障・人口問題研究所「日本の将来推計人口」

人にやさしい安全・安心の地域づくり

までの行き来などを中心に、一日平均で約5人が利用しています。

この地域は豪雪地帯でもあり、高齢者が徒歩や自転車で雪道を移動することは危険をともないます。そのため、玄関先から目的地までを一律100円で運んでくれるこのサービスはとても好評で、定期的に利用する人が増えつつあります。

これからの課題

平成16年2月1日には旧河合村・宮川村を含む2町2村の合併により飛騨市が誕生しましたが、もともと交通手段の乏しい過疎地に限定して許可されたサービスであるため、合併後も飛騨市全域へのサービス拡大は行わず、あくまでも旧河合村・宮川村での範囲内の移動に限定しています。

この特区での取り組みが好評であったことから、平成16年3月には道路運送法の許可基準が見直され、過疎地での地域福祉を目的とする有償運送が全国的に認められるようになりました。

平成17年度からは、サービスの事務局が河合村商工会（現 北飛騨商工会）に移り、運転手の補強等も行われました。

現状の課題は、運転手がボランティアであるため、当日受付や夜間までの時間延長などのサービス拡大の要望になかなか応えられないことや、地元の高齢者のなかにはまだサービスの内容をよく知らない人がいることなどです。

今後は、地元の高齢者等へのサービス周知に力を入れていくとともに、運転手をさらに充実させ、地域のニーズに応えられるような体制づくりを進めることを目指しています。

5-4 41号：2005年春

グループみんなの道（静岡県静岡市（旧清水市））

身近な「みち」を考える
明るく楽しい道づくり

写真右より、グループみんなの道・総合プロデューサーの森 美佐枝さん、河村節子さん、会長の岩本俊彦さん、小林孝江さん、久保田高政さん。「とにかく楽しく活動しています。道はみんなのもの。これからも等身大の活動を続けていきたいです」

広聴会がきっかけで

「グループみんなの道」は、静岡市清水地区（旧清水市）を中心に活動している団体です。「みち」の利用のしやすさや道路の景観等について、自分たちの手でできる等身大の活動を、行政の協力を得ながら無理なく楽しみながら続けています。

グループ発足のきっかけとなったのは、平成12年に行われた「miti広聴会」でした。これは、国土交通省静岡国道事務所が開催したもので、道について日頃思っていることなどを話題に、地域の住民がさまざまな視点で意見を述べる場でした。

「信号待ちの際に座れる休憩場所があればいい」こんな意見が清水地区の広聴会で出たことから、翌年に「まちかど休憩コーナーワークショップ」が開催されることになりました。ワークショップでは、清水地区の「miti広聴会」参加者たちが、自らの手で休憩コーナーの具体的な設置場所や構造、形などを検討し、試行錯誤の結果、『あなたのいす』という個性的な椅子が完成しました。

『あなたのいす』をまちかどに

『あなたのいす』は、逆さにするとフラワーポットとしても使えるもので、清水税務署前やJR清水駅前などの国道1号交差点の歩道に設置されました。そして、ワークショップの参加者たちは「グループみんなの道」として、継続的に花への水やりなどの活動を始めました。

その後、平成15年には、国道52号起点部（清水興津）に、花のキロポストとして『あなたのいす』を設置したほか、平成16年の浜名湖花博には、開催期間中約6ヶ月間にわたって『あなたのいす』を出展しました。

「清水駅前地下道ワークショップ」で、活発な意見を交わすグループの皆さん

まちかど休憩コーナーワークショップでは、実際に座り心地などをアンケートしながら検討を進めました

試行錯誤の結果完成した『あなたのいす』を、メンバー総出でJR清水駅前などに設置しました

DATA

これまでの経緯

平成12年11月	miti広聴会への参加
平成13年11月	まちかど休憩コーナーワークショップの開催
平成14年5月	『あなたのいす』設置と管理
11月	清水駅前銀座でイベント「みちで遊んじゃおう」を開催
平成15年2月	国道52号起点部（清水興津）に花のキロポスト設置
3月	JR清水駅前地下道お絵かき隊
6月	清水駅前アンケート
11月	第4回中部の未来創造大賞優秀賞受賞
平成16年2月	『あなたのいす』設置と管理
4月	まちかど休憩コーナー『あなたのいす』を浜名湖花博に出展。国際コンテスト銅賞受賞
5月	イベント「あの道この道みんなの道」を開催
6月	清水・三保地区観光まちづくりサイン計画ワークショップに参加
6月	清水駅前地下道ワークショップに参加
10月	イベント「あの道この道みんなの道」を開催

問い合わせ： グループみんなの道　森美佐枝　総合プロデューサー
〒424-0808　静岡県静岡市清水大手1-2-11　TEL：0543-65-1384　FAX：0543-65-4941
http://minnanomiti.com

国道52号起点部（清水興津）には、花のキロポストを設置しました

浜名湖花博には、「未知普請」をテーマに『あなたのいす』をブース出展。工夫を凝らした演出が評価され、コンテストで銅賞を受賞しました

JR清水駅前の地下道を明るくしようと、子供たちと『海』『空』『港』『祭り』をテーマに壁面に絵を描きました

「清水駅前地下道ワークショップ」では、わかりやすいサインについて現地で話し合いました

「地下道をきれいにしよう！」子供たちも楽しく清掃に参加しました

観光名所「三保の松原」周辺のサイン計画を見直すため、自転車で現地を巡りました

この展示では、四季の草花をふんだんに取り入れ、みんなでアイディアを出しながら、1ヶ月おきに花の種類や飾りを変えて季節感を演出し、協力して管理を行いました。その結果、花博で国際コンテスト銅賞（短期間展示装飾クラス もてなしの花宴）を受賞しました。

地下道を明るくきれいに

グループのもう1つのおもな活動に、JR清水駅前の『地下道お絵かき隊』があります。平成15年3月、暗くて印象の良くなかった地下道の壁面に、子供たちといっしょに明るい絵を描きました。その後のアンケートでは、絵については好評でしたが、案内板が少ない、わかりにくいという意見が寄せられました。これらの意見は、平成16年6月から始まった「清水駅前地下道ワークショップ」に反映され、周辺案内をするサインのリニューアルや照明、手すり、階段の滑り止め、壁面の利用法などについて、現在検討が進められています。

その他、清水地区の観光名所「三保の松原」周辺における道路案内標識や観光案内サインの改善について提言する「清水・三保地区観光まちづくりサイン計画ワークショップ」にも参加するなど、グループの活動は広がりを見せています。

住民と行政の協働の仕組みである、ボランティア・サポート・プログラム（国土交通省）や、アダプト・ロード・プログラム（静岡県）に参加するかたちで進められている活動について、「私たち住民の提案を、行政がこんなに真剣に受け止めてくれるとは思っていませんでした」と語るメンバーの皆さん。これからも、生活者の視点による、身近で具体的な取り組みを続けていきます。

人にやさしい安全・安心の地域づくり

5-5　40号：2005年冬

災害ボランティアネットワーク鈴鹿（三重県鈴鹿市）

足元の防災を考える「DIG」を通じた人づくり

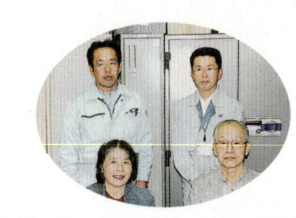

人にやさしい安全・安心の地域づくり

災害ボランティアネットワーク鈴鹿・理事長の南部美智代さん（左下）と、メンバーの山中乙雄さん（右下）、杉本幸樹さん（左上）、船入公孝さん（右上）。「活動は継続していくことが大切。全く同じ災害はありません。災害が起きるたびに新しい活動テーマが出てきます」

阪神・淡路大震災がきっかけで

1995年1月17日に起きた阪神・淡路大震災では、6,400名を超える尊い命が失われました。この災害は、多くの人の災害観に影響を与え、防災に関する教訓を残すとともに、様々なボランティア活動が芽生えるきっかけとなりました。

「災害ボランティアネットワーク鈴鹿」が誕生したのもこの震災がきっかけでした。震災後、復興支援で神戸のまちを訪れた現・理事長の南部さんは、「自分たちの足元の防災を考えないといけないのでは」と痛感し、仲間と話し合って「災害ボランティアネットワーク鈴鹿」を立ち上げました。

その後、南部さんたちは、震災のあった17日に毎月集まりながら、地元の防災マップづくりを始めました。地図を持って町を歩きながら、実際に災害が起きた時に、皆が無事に避難できるための防災情報を地図に書き込んでいきました。

災害図上訓練「DIG」

しかし、地図に直接書き込むと、想定する災害ごとに地図を作り直さなくてはなりません。そこで、防災研究をしている担当者たちと一緒に、地図の上にビニールシートをかけ、地域情報や災害情報を組み替えながら避難対策を考えていく「DIG（Disaster Imagination Game：災害図上訓練）」という手法を考え出しました。

DIGの基本的な進め方は、数名が1枚の地図を囲み、想定した災害のもとで地域がどのような被害を受けるかをシート上に書き込みながら、対応策を話し合います。

DIGで重要なのは、参加者になるべく自分の考えを話してもらうことです。防災は一人ひとりの問題で

鈴鹿市の神戸(かんべ)中学校で災害図上訓練「DIG」が行われました

全国に出向いて地域防災活動の普及を行っています

防災子供サミットより

毎年8月に三重県消防学校に泊まり込みで開催されます　　実際に無線を使ってみます

DATA

DIGの進め方

(例)
1. 用意するもの
・自宅周辺がわかる大きめの地図
・透明シート（地図にかぶせて使う）
・テープ
・油性ペン（色分けできるように数色）
・場所のマーク用シール（ふせん紙でも可）
・ベンジン、ティッシュなど（ペンの修正用）

2. 書き込み準備
・地図をテーブルや床の上に広げる
・その上に透明シートをかぶせてテープで固定

3. 地図に書き込もう
・自宅の位置を地図上に記入
・災害避難場所を地図上に記入
・まちの中の安全な場所（高台や広場、防災設備、病院など）や、公衆電話、一人暮らしのお年寄りが住んでいる家なども記入
・災害を想定して自宅から避難場所までの安全な避難ルートを記入
・その際に、一人暮らしの方に声をかけていくか、家のペットはどうするかなど、様々な質問を参加者に投げかける
・グループ毎に話し合い、その結果を発表する

問い合わせ：災害ボランティアネットワーク鈴鹿　南部理事長　〒510-0254　三重県鈴鹿市寺家3-33-33
　　　　　　TEL&FAX：0593-86-2400

地図を囲んで情報を書き込む生徒たち「公衆電話の場所は…」

普及啓発の対象は小学校、町内会、老人会などさまざまです

消防服でホースを持って消火訓練

地震実験車で大地震の揺れを体感

あり、自分で考える機会をつくることがDIGの目的の一つです。災害ボランティアネットワーク鈴鹿では、全国の自治会や小学校などから講師として招かれ、地域で自主的にDIGが開催できるように指導しています。

防災子供サミット

災害ボランティアネットワーク鈴鹿では、次世代を担う子どもたちへの防災教育にも力を入れています。鈴鹿市内の小学生と中学生を対象とする「防災子どもサミット」では、災害時の無線の使い方やロープを使った安全な避難方法、地震の揺れ体験などを通じて、地震や台風などの災害に備える知識を学びます。

こうした子ども達への防災啓発が、子ども達による防災紙芝居の作成・上演という形で実を結んできました。防災紙芝居「じしん！そのときあなたは？パート1」は、平成17年に内閣府主催の安心安全まちづくりワークショップで「ピカイチ賞」を受賞し、さらに平成18年の安心安全まちづくりフェアで「じしん！そのときあなたは？パート2」が「表現賞」を受賞しました。

また、平成17年には、鈴鹿の子ども達と、新潟県中越地震の後の十日町市などを慰問に訪れ、地元の人々と交流をしました。そして、平成18年には、子ども防災隊を結成し、子ども達の目で防災プログラムを作り、地元CATVで発表するようになりました。

活動の継続のためには、効率的な資金確保の方法を確立することが課題となりますが、毎月2～5回の防災講座を学校などで開催し、防災啓発を続けています。「防災子どもサミット」を通して育っていった子ども達が、また次の世代の子ども達を指導する形も取れるようになり、災害に強い地域づくりに向けての思いは、確実に広がっているようです。

人にやさしい安全・安心の地域づくり

5-6 36号：2004年冬
バリアフリーのまちづくり（岐阜県高山市）

モニターツアーから始まった福祉観光都市づくり

高山市福祉保健部福祉課の鈴木和朗さん。「ハード整備とともに、心のバリアフリーを進めていきたいです」

福祉観光都市として

　飛騨地域の行政、産業、文化の中心都市・高山は、伝統的建造物群を中心とした古い町並みや絢爛豪華な屋台が町を練り歩く高山祭が全国的に有名で、年間約320万人の観光客が訪れます。このまちは今、「バリアフリーのまちづくり」で観光地としての新境地を拓いています。高山市におけるバリアフリーの理念は「市民にとっては、住みよいまちづくり、訪れる人にとっては、行きよいまちづくり」です。これは、観光客に対する「おもてなしの心」を大切にしながら、それを市民にとって住みよいまちづくりにもつなげることで、誰もが安全で、安心して快適に暮らせる「福祉観光都市」を実現しようとするものです。

モニターツアーの開催

　平成5年頃、高山市は観光客の減少に悩まされていて、少子高齢化や、障害者の旅行ニーズの高まりの中で、それに対応した観光地として新たな魅力を生み出すことが必要となっていました。そこで、この課題を解決するために、市では平成8年に「障害者モニターツアー」を開催しました。このツアーは、専門家や有識者の意見に基づくまちづくりという視点ではなく、実際に障害を持った方達に高山市に来てもらい、市内を観光するなどの体験を通じて、観光地としての問題点を指摘してもらうものです。
　モニターツアーは平成18年までに17回開催され、車いす使用者とその介護者、聴覚・視覚障害者、知的障害者、高齢者、外国人など、様々な障害を持つ計330人以上が参加しました。参加者の中からは、「古い町並みの店は敷居が高くて店に入れない」「急な坂や段差のある道が多い」「車いすトイレの扉は重すぎて開けられない」など厳しい意見が出されました。

古い町並みが残る上三之町を散策する障害者モニター

道路改修前（上）と改修後（下）。歩道と車道の段差を解消し、歩行者の安全確保のためセンターラインをなくして車の減速を促しています

人にやさしい安全・安心の地域づくり

DATA
オストメイト対応トイレ

高山市では、膀胱（ぼうこう）や直腸機能に障害がある方（オストメイト）が利用しやすいように工夫された公共トイレを平成14年度から整備しています。空家店舗を活用した交流施設「まちひとぷら座かんかこかん」をはじめ、市内の公的施設などへの設置が進められています。

問い合わせ：高山市市民福祉部福祉課　〒506-8555　岐阜県高山市花岡町2-18
　　　　　　TEL：0577-35-3139　FAX：0577-35-3165　http://www.hida.jp/

玄関の敷居がバリアとなっていた日下部民藝館（くさかべみんげいかん）には、モニターツアー後、スロープが設置されました

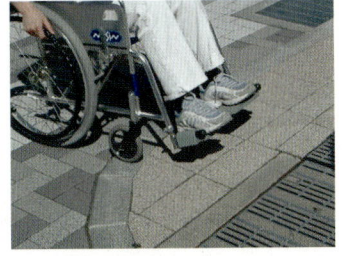

側溝のグレーチング改修前（左）と改修後（右）。車いすの車輪が落ち込まないように網目を細かくしました

中心市街地におけるバリアフリー整備状況

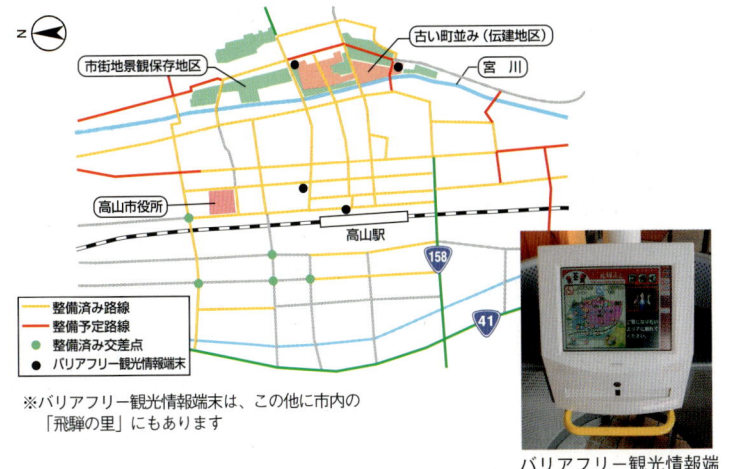

- 整備済み路線
- 整備予定路線
- 整備済み交差点
- バリアフリー観光情報端末

※バリアフリー観光情報端末は、この他に市内の「飛騨の里」にもあります

バリアフリー観光情報端末の画面には手話のアニメーションもあります

できることから、着実に

　モニターの意見をもとに、市では、高山駅周辺の中心市街地を対象に、道路改修やトイレ整備、情報端末の設置などに取り組んでいます。

　道路については、歩道と車道の段差を2cm以下、勾配を5%以下にするなど、車いすの方が走行しやすいように改良しています。歩道が十分に確保できない道では、歩道と車道を同じ高さにして歩道部分をカラー舗装にするとともに、センターラインをなくして車の減速を促しています。側溝のグレーチング（網目状のふた）については、穴の大きさを従来の1.5cmから1cm以下とし、車いすの車輪や杖などが落ち込まないよう対策が行われています。

　トイレの整備は当初、車いす対応のみでしたが、モニターの意見をもとに、子ども連れや高齢者の方でも気兼ねなく使える多目的トイレとしての整備を進めています。また、情報バリアを解消するために、「バリアフリー観光情報端末」を市内5箇所に設置し、視覚・聴覚障害者向けに音声・文字・手話アニメーションによる観光情報の提供を行っています。

　今後、市ではこうしたハード整備を着実に進めるとともに、住民ボランティアやNPOなどと連携して、「おもてなしの心」による心のバリアフリーを一層充実させていくことを目指しています。

　高山市は、平成17年2月1日に周辺9町村と合併し、面積2,177平方キロメートルの日本一大きな市になりました。平成17年3月には、「高山市誰にもやさしいまちづくり条例」を制定。これに基づき、平成18年3月には、「高山市誰にもやさしいまちづくり推進指針」を策定しました。今後は、この広大な市域全体を視野に入れ、ソフト面とハード面の両方の施策を進めていきます。

人にやさしい安全・安心の地域づくり

5-7 36号：2004年冬

鎌ヶ谷市交通事故半減プロジェクト（千葉県鎌ヶ谷市）

ヒヤリ・ハット体験の情報共有による交通安全対策

鎌ヶ谷市土木部管理課交通安全推進係の葛山順一さん。「地域の方々と、安心できる道づくりを進めていきたいです。そのためには1つ1つの取り組みの積み重ねが大切ですね」

人にやさしい安全・安心の地域づくり

ハインリッヒの法則

　都心から25km圏内にあり、ベッドタウン化が進む千葉県鎌ヶ谷市では、人口の増加にともなう交通事故件数の増加が問題になっていました。また、交通安全対策を進める上で、過去の事故原因についての客観的な分析や、市民と行政との間の情報交換が十分に行われていないという課題を抱えていました。

　このような状況を克服するため、市では平成11年に、財団法人国際交通安全学会（以下、学会）との共同研究により、インターネットを活用した市民参加型の交通安全対策に着手しました。「鎌ヶ谷市交通事故半減プロジェクト」と名付けられたこの取り組みの背景には、「1件の死亡・重傷事故の背景には、29件の軽傷事故、300件のヒヤリとした体験が存在する」という「ハインリッヒの法則」の考え方がありました。

市民参加による社会実験の実施

　市ではまず、鎌ヶ谷警察署の協力により、市内で発生した平成7年から11年の5年分の交通事故をデータベース化し、交通事故を客観的に検証できるシステムを学会と共同開発しました。また、平成13年度には国土交通省の社会実験として、ペーパーアンケートとホームページへの書き込みによる「ヒヤリ・ハット体験」を収集しました。

　これらのデータにより危険箇所が明らかになり、市のホームページや市役所ロビーでのポスター展示などで情報公開が行われました。市民からは、「危ない箇所を再認識できた」「こんなところで事故が多いなんて知らなかった」などの声が寄せられ、交通安全に関する意識を高めることができました。

　次に市ではとくに危険な箇所となっている市道の交差点2ヶ所で具体的な交通安全対策を進めました。開催された対策検討会には、ヒヤリ・ハット体験を寄せた

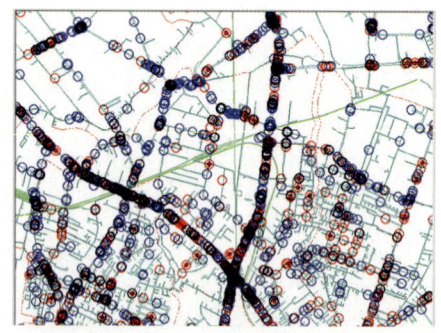

ヒヤリ・ハット体験アンケートのホームページ（右）に書き込んでもらうため、市役所でデモンストレーションを行いました（上）

約7,800件を超える事故が登録された事故データベース。市内のどこで事故が発生したかが一目でわかります

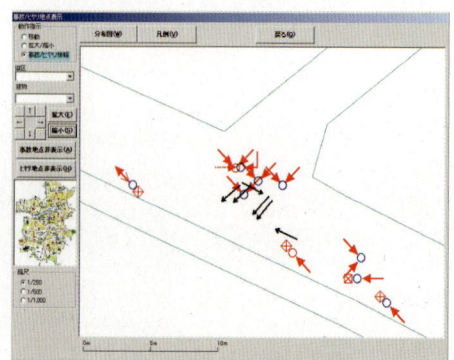

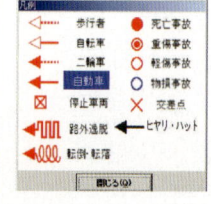

ヒヤリ・ハット体験の多発箇所が地図で把握できるようになりました

78

DATA

事後評価アンケート結果

稲荷西交差点
- 反対（対策しないほうがよかった）4%
- どちらともいえない 14%
- 賛成（対策してよかった）82%
- N=342

中新山交差点
- 反対（対策しないほうがよかった）5%
- どちらともいえない 14%
- 賛成（対策してよかった）81%
- N=232

対策工事箇所における交通事故件数の変化

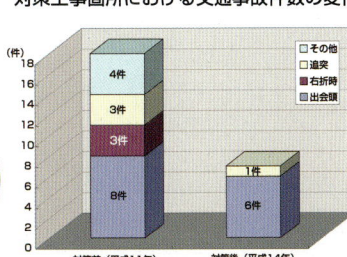

対策前（平成11年）: 出会頭8件、右折時3件、追突3件、その他4件（計18件）
対策後（平成14年）: 出会頭6件、追突1件（計7件）

（対策前の事故件数は平成11年2月〜9月まで、対策後の事故件数は平成14年2月〜9月までの集計）

ハインリッヒの法則

アメリカのハインリッヒ氏が発表した、労災事故の発生確率に関する法則。1：29：300の法則とも言う。

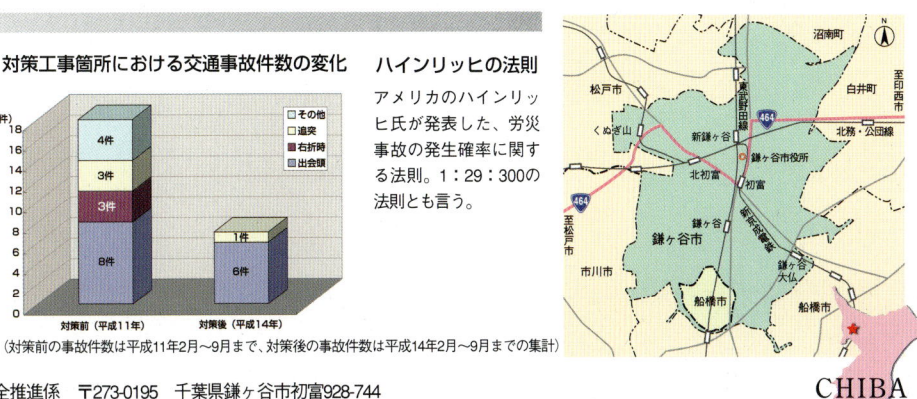

問い合わせ：鎌ヶ谷市土木部道路河川管理課交通安全推進係　〒273-0195　千葉県鎌ヶ谷市初富928-744
TEL：047-445-1141　FAX：047-445-1400　http://www.city.kamagaya.chiba.jp/

CHIBA

人にやさしい安全・安心の地域づくり

ヒヤリ・ハット体験の多発箇所が地図で把握できるようになりました

市役所ロビーで展示した道路危険箇所のポスターに見入る市民の皆さん

具体的な交通安全対策を検討した対策検討会では、多くの市民が参加して活発な意見交換が行われました

対策検討会の結果をもとに、道路危険箇所にポストコーンや大型ミラーなどの道路安全施設が設置されました

人や周辺住民が参加し、交通安全対策支援システムを介して現状の問題点を共有化しながら、市が作成した対策案についての意見交換が行われました。活発な議論の中で、市民と行政の間に交通安全の実現に向けた共通認識が生まれ、最後には参加者全員が対策案に賛同するかたちで会が終了しました。

点から線、面の対策へ

その後すぐに対策工事が行われ、車の進行方向を誘導するためのポストコーンや、大型ミラーなどが設置されました。対策の事後評価アンケートでは、多くの市民、道路利用者がこの取り組みを「評価する」と回答し、対策箇所における交通事故件数も18件から7件へと減少するなど、社会実験として十分な成果を得ることができました。

平成15年度には新たに「歩行者に安全なまちづくり導入実験」として国土交通省の社会実験に採択され、交差点という「点」の対策から、路線という「線」対策、住宅地内の生活道路という「面」対策へと取り組みを発展させています。

平成15年から平成16年にかけては、市道37号線の延長1.9kmについて（線の対策）、地域住民によるワークショップを開催して対策案を検討し、高木の伐採や路上駐車対策などを行いました。また、平成15年から平成17年にかけては、通過交通が多く流入する東初富地区において（面の対策）、住民によるワークショップを通じ、ハンプや狭さくなどの物理的デバイスやカラー舗装、道路区画線の設置や、歩道の平坦性を確保するための段差解消を実施しました。これらの対策により、交通事故発生件数は対策前と比べて半減しているほか、通過交通の減少や車のスピードの低下など、実際の効果に表れています。対策の中には中長期的な検討が必要なものもありますが、鎌ヶ谷市ではこれからも市民の声を活かした交通安全対策を進めていきます。

その他の事例

人にやさしい安全・安心の地域づくり

5-8　41号：2005年秋
ふれあいバス運営協議会（愛知県豊田市）

地域の足は自分たちで
地域が育てる新しいバスのかたち

　豊田市南部の高岡地区では、地区内を走る民間バス路線が廃止されることをうけ、地域主体のバス運行について検討を始めました。市の支援をうけるための条件として、地域が主体となって利用者を確保する必要があるため、利用権確保のために世帯単位の会員制を導入し、年会費を支払うことで家族分の定期券がもらえるようにしました。その結果、廃止の翌日から「ふれあいバス」の運行が開始され、定期的に運営内容を見直しながら運行を続けています。平成18年時点では運賃収入で経費の約4割程度を賄っていますが、将来的には半分を賄う形にしたいと考えています。

■ふれあいバスの役割構成（3者の協力関係）

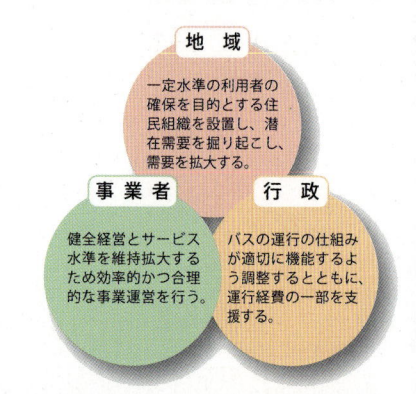

地域：一定水準の利用者の確保を目的とする住民組織を設置し、潜在需要を掘り起こし、需要を拡大する。

事業者：健全経営とサービス水準を維持拡大するため効率的かつ合理的な事業運営を行う。

行政：バスの運行の仕組みが適切に機能するよう調整するとともに、運行経費の一部を支援する。

問い合わせ：豊田市　都市整備部　交通政策課
TEL　0565-34-6603　　FAX　0565-33-2433
E-mail：koutsu@city.toyota.aichi.jp
http://michinavitoyota.jp/kokyo/fureai01.html

5-9　35号：2003年秋
いなべ市農業公園（三重県いなべ市（旧藤原町））

元気な高齢者たちによる
生きがい公園づくり

　鈴鹿山脈の山麓に位置する藤原町（現いなべ市）では、荒廃した農地を農業公園として有効に活用しようと、区長会や青年団等の人々による検討委員会で、整備・運営方針が検討されました。当時、全国では集客型の農業公園が整備されつつありましたが、検討委員会では「高齢者が生きがいを持って暮らす地域づくり」を実践する場として方針を決めました。公園整備は高齢者が担い手となり、これまでに梅の木の植樹やボタン園、パークゴルフ場などが整備されています。平成13年には公園の梅の実を利用したジュースの加工・販売に着手し、平成14年には園芸福祉の取り組みも始めています。

梅林公園は毎年観光客でにぎわいます

平成11年に植えた梅には、今では立派な実がなります

問い合わせ：いなべ市藤原町鼎3071番地
いなべ市農業公園
TEL　0594-46-8377　　FAX　0594-46-8385
http://www.city.inabe.mie.jp/nougyo/nougyo_top.htm

5-10　27号：2001年秋
エコマネー「ZUKA」（兵庫県宝塚市）

ありがとうの気持ちがつなげる
新しい地域づくりの輪

　宝塚市のエコマネー「ZUKA」は、宝塚市、特定非営利活動法人・宝塚NPOセンター、まちづくり協議会、企業などが連携・協力して実験を進めています。平成12年度に4地域2団体で実験が開始され、7年を経過した平成18年度には3地域が継続して取り組んでいます。エコマネー「ZUKA」は会員登録を行い、会員の「してほしいこと」「できること」に基づき、会員同士でサービスのやりとりを行います。平成17年度からは非会員向けの「ありがとう券」も発行されています。市民、地域団体、NPOなどを繋ぐ媒体として、新たな参加を促しながら、活用地域を広げていく予定です。

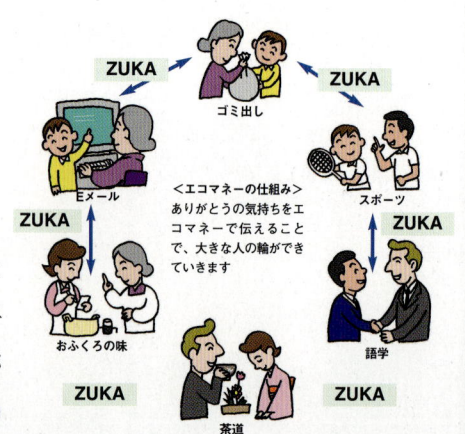

＜エコマネーの仕組み＞
ありがとうの気持ちをエコマネーで伝えることで、大きな人の輪ができていきます

Eメール　ゴミ出し　スポーツ　おふくろの味　茶道　語学

問い合わせ：宝塚市 企画財務部 政策室 まちづくり推進課　TEL　0797-77-2051　　FAX　0797-72-1419
特定非営利活動法人・宝塚NPOセンター
TEL　0797-85-7766　　FAX　0797-85-7799
http://www.hnpo.net/n/zukanpo/

6. 歴史文化を育む ゆとりある地域づくり

6-1	石見銀山のまちづくり（島根県大田市）	p82
6-2	富士山村山古道の復活（静岡県富士宮市）	p84
6-3	大鹿歌舞伎保存会（長野県大鹿村）	p86
6-4	地球塾（三重県鳥羽市）	p88
6-5	あいの会「松坂」（三重県松阪市）	p90
6-6	生活と芸術をテーマにしたまちづくり（愛知県一色町佐久島）	p92
6-7	松尾芭蕉を核にしたまちづくり（三重県伊賀市（旧上野市））	p94
その他の事例		p96
	6-8 一八会（三重県多気町）	
	6-9 江戸時代を楽しむまちづくり（長野県飯島町）	
	6-10 城下町ホットいわむら（岐阜県恵那市（旧岩村町））	

松尾芭蕉を核にしたまちづくり

6-1 49号：2007年春

石見銀山のまちづくり（島根県大田市）

まちの魅力を引き出す遊び心
暮らしが息づく世界遺産へ

株式会社石見銀山生活文化研究所所長の松場登美さん。「世界遺産になっても、このまちに暮らす自分たちが、こう在りたいという意思を持っていくことが大切だと思います」

歴史文化を育むゆとりある地域づくり

石見銀山の町並み保全

　中世から江戸時代にかけて世界有数の産出量を誇る「石見銀山」のまちとして栄え、周辺地域の政治・経済・文化の中心であった島根県大田市大森町。現在は人口約500人の小さなまちですが、代官所跡や武家・商家の町並みなどが、繁栄の歴史を物語っています。

　大正時代の銀山閉山後、まちの活気は一時急速に失われました。しかし、昭和32年に全戸加入による大森町文化財保存会が発足したのをきっかけに、文化財の保全活動がはじまり、銀山遺跡の国史跡指定（昭和44年）や、町並みの重要伝統的建造物群保存地区選定（昭和62年）などを通じて、住民は自分たちのまちに対する誇りを取り戻していきました。

「復古創新」の暮らし

　このまちに暮らすさまざまな業種の人たちが、遊び心を持って自分たちの夢を語り合うなかで、平成3年に「石見地域デザイン計画研究会（ILPG）」が発足しました。

　そして、自主企画によるプロの演奏家のコンサートや、地元と他の地域の女性たちが交流する「鄙のひな祭り」など、一つひとつの夢を実現していくなかで、このまちの暮らしを楽しむ人の輪が広がっていきました。

　松場さん自らが「大森のまちの暮らしから生まれる、素材を生かしたものづくりをしたい」という夢を実現しようと、空き家を修復してつくった"文明を排除した家"は、会の仲間たちが夜な夜な語り合う交流の場となり、「群言堂」と名づけられました。群言堂とは、中国の言葉で「いろいろな人が集まって話し合い、一つの良い流れが生まれること」だそうです。

　今では、「群言堂」は松場さんの手がける服飾ブラン

ゆるやかに弧を描く道に沿って静かな佇まいを見せる大森町の町並み

夜な夜な仲間たちが集まり、語り合う群言堂

毎年、町民の集合写真を撮影して「大森町民元気カレンダー」をつくっています

松場さんの手がける服飾ブランド「群言堂」の本店も、古い商家を修復・再生したものです

DATA

これまでの経緯

昭和32年	全戸加入による大森町文化財保存会発足		空き家を改装した「群言堂」完成
昭和44年	石見銀山遺跡の国史跡指定（鉱山遺跡として日本初）	平成13年	石見銀山エリアが世界遺産暫定リスト登載
昭和58年	銀山遺跡の発掘調査と歴史資料等の調査開始	平成15年	ILPGを発展的に解散し、NPO法人納川の会を設立
昭和62年	大森の町並みが重要伝統的建造物群保存地区に選定される	平成17年	石見銀山協働会議の発足
平成3年	石見地域デザイン計画研究会（ILPG）発足	平成18年	石見銀山行動計画の策定 マイカー規制によるパーク＆ライド実証実験の実施
平成4年	鄙のひな祭り開催（〜平成14年） 大森町民元気カレンダー作成（〜毎年撮影）	平成19年	世界遺産に登録される

問い合わせ：株式会社石見銀山生活文化研究所　〒694-0305　島根県大田市大森町ハ-183
TEL：0854-89-0131　FAX：0854-89-0162　http://www.gungendo.co.jp/
大田市総合政策部石見銀山課　〒694-0064　島根県大田市大田町大田ロ-1111
TEL：0854-84-9155　FAX：0854-84-9156　http://www.iwamigin.jp/ohda/

歴史文化を育むゆとりある地域づくり

まちかどの自動販売機も趣のあるデザインになっています

地元と都会の女性が語り合い、田舎暮らしの豊かさを味わう「鄙のひな祭り」

松場さんが広島から移築した築270年の茅葺き民家。現在は、社員の休憩所・食堂として利用されています

車座になって話し合う石見銀山協働会議の参加者たち

協働会議では、かつて銀や物資を運んだ銀山街道の調査も行われました

石見銀山の坑道（間歩）のうち、現在唯一公開されている龍源寺間歩

ドの名称にもなり、東京や大阪などの大手百貨店に出店して人気を集めています。松場さんは、こうしたビジネスで得た資金で、これまでに町内の空き家6軒を修復・再生し、ゲストハウスや社員の住宅などに活用してきました。

そして、次第にここで暮らしたい、働きたいという人が増え、昔ながらの暮らしに新しい感性を加えて楽しむ「復古創新」が実践されています。

世界遺産登録に向けて

大森町をはじめ、かつて銀を運んだ街道や港も含めた石見銀山エリアは、平成13年4月に世界遺産暫定リストに載りました。世界遺産登録によってこの地域にもたらされる変化にどう対応し、どのように未来に引き継いでいくべきかを話し合うため、平成17年6月に官民協働による「石見銀山協働会議」が発足し、平成18年3月には、議論を重ねた結果をまとめた「石見銀山行動計画」が発表されました。

行動計画では、石見銀山とともにある自然や人々の暮らしをまもり、訪れる人とともにその価値を高めながら、持続可能な「石見銀山スタイル」の地域づくりを進めることを目指しています。

ILPGの活動に参加し、松場さんとも交流の深い大田市石見銀山課の田中さんは、「町並み保全がはじまった頃から、特に意識せずに自然なかたちで積み重ねられてきた住民と行政の協働をこれからも続けていきたい」と語ってくれました。

登録を目指した地域の取り組みが実り、石見銀山は平成19年6月に世界遺産に登録されました。

いきいきとした人々の暮らしが息づく世界遺産として、このまちの魅力がより多くの人の共有財産となることが望まれます。

富士山村山古道の復活（静岡県富士宮市）

学校と地域が一体になった道普請による地域おこし

富士根北中学校校長の大塚俊宏さん（右）。「本やインターネットだけでなく、手足を使った実体験で地域を学ぶことができるのはとても大切なことです。子どもたちが郷土に誇りを持ち、郷土を大切にする人に育ってほしいと願っています」
富士山村山口登山道保存会会長の神戸 勝さん（左）。「古道を歩くと昔の人の富士山への想いを感じることができます。孫の代までこの取り組みを続けてほしいです」

富士山信仰の拠点

富士山の南西のふもとに位置する富士宮市村山地区。

ここには平安時代末から富士山信仰の拠点として栄えた村山浅間（せんげん）神社があり、修験者（しゅげんじゃ）たちが開拓したとされる村山口登山道が、明治の末頃まで、富士登山の主要ルートとして利用されていました。そしてこの地区は、富士登山者のための宿坊（しゅくぼう）や強力（ごうりき）などでにぎわっていました。

しかし、明治時代の神仏分離により修験道が廃止され、現在の富士宮口が開通したことにより、村山口登山道は次第に廃（すた）れ、草や倒木に覆われた状態になってしまいました。

その後、この村山口登山道（村山古道）を復活させようとする構想は、何十年も前から地区内にありましたが、実際には手がつかないまま年が過ぎていました。

総合学習をきっかけに

古道復活のきっかけとなったのは、地元の富士根（ふじね）北（きた）中学校での総合学習「富士山学習」でした。

村山地区には、今でも道しるべの石碑が残っています。平成12年に、一人の生徒が富士山学習のなかで村山古道に興味を持ち、その修復に取り組もうと考えました。しかし、中学生一人では到底できることではなく、平成13年から学校全体で取り組むことになりました。

そして、「生徒たちがやってくれるのに地域が腕を組んでいたのでははじまらない」と、地区住民も平成15年に「富士山村山口登山道保存会」を結成し、学校と地域が一体となって、毎年秋に1日かけて古道復活のための修復・保存作業が進められるようになりました。

作業に使う石は、富士山の西側斜面にある「大沢崩れ」の石を、国土交通省富士砂防事務所の協力により

修復作業を進める富士根北中学校の生徒と村山地区の住民たち

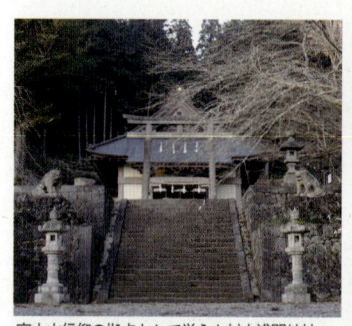

富士山信仰の拠点として栄えた村山浅間神社

今でも地区内の辻には道しるべの石碑が残っています

毎年7月1日に村山浅間神社で行われる富士山開山式で、修験者に扮して水垢離や護摩焚きに参加する中学生

DATA

これまでの経緯

明治39年	大宮新道の開設により村山口登山道が廃道となる
平成12年	富士根北中学校の総合学習（富士山学習）で、一人の生徒が村山古道をテーマにする
平成13年	富士根北中学校が全校で石畳の修復に着手。村山浅間神社で行われる富士山開山式（7月1日）にも生徒たちが参加
平成15年	村山地区の住民が「富士山村山口登山道保存会」を結成。中学校と協働で古道復活のための作業を進める
平成18年	NPO富士山クラブのメンバーによる村山古道の本が出版される

問い合わせ：富士山村山口登山道保存会（神戸会長）〒418-0012 富士宮市村山1194-1
TEL&FAX：0544-24-4358
富士宮市立富士根北中学校 〒418-0012 富士宮市村山935-1
TEL：0544-26-4342　FAX：0544-22-1497

苔むした大きな石が所々に残る村山古道。昔の人の苦労と知恵を伝えてくれます

保存会を中心に作業が進められている村山浅間神社西側の村山古道

ドイツからの留学生も修復作業に参加しました

利用しており、「富士山の石を富士山に返す」が合言葉になっています。

昔の石畳が残っている場所では、とても1人では運べない大きな石があったり、雨で石が流出しないようにうまく石が敷きつめられており、生徒や住民たちは、作業を通じて昔の人の苦労や知恵、富士山への想いの大きさを実感しています。

作業が進むに連れて、作業現場が次第に山奥に移ってしまい、石を運ぶ手間が増えてしまうのが課題になっていますが、昔の人が築いた偉業を尊敬しながら、地道に取り組みが進められています。

広がる人のつながり

中学校では、富士山学習の一環として、村山浅間神社で毎年7月1日に行われる開山式にも生徒たちが修験者に扮して水垢離や護摩焚きに参加し、地域外からの参加者にインタビューをするなどして学習を深めています。

一方保存会では、学校との協働作業以外にも年に数回、時には国際交流による海外からの参加者も含めて、村山浅間神社西側に残る古道の保存作業を進めています。

最近では、観光協会の紹介などにより、村山地区内だけでなく市街地からも修復作業に参加してくれるようになり、NPO富士山クラブのメンバーや市内外の登山愛好家たちが、村山地区の人と一緒に村山古道を探索するなど、地域外にも活動が広がっています。

現在、富士山の世界文化遺産登録を目指した動きがある中で、これからも地域に根ざした取り組みを継続し、地域の歴史文化に対する誇りと愛着を育んでいってほしいものです。

歴史文化を育むゆとりある地域づくり

6-3 41号：2005年春

大鹿歌舞伎保存会（長野県大鹿村）

村人の心を結ぶ地芝居
つながり広がる文化の輪

大鹿村教育委員会の北村尚幸さん。「これまで大鹿歌舞伎を残してくれた村の先人たちの想いを大切にし、次の世代にきちんと伝えていきたいです」

伝統芸能の宝庫・伊那谷

信州の南端、南アルプスの山麓に位置する大鹿村は、江戸時代から伝承されてきた地芝居「大鹿歌舞伎」の村として知られています。

大鹿村のある伊那谷は、昔から伝統芸能の盛んなところで、特に大鹿村では、幕末から明治にかけて、村内に点在する神社など13ヶ所に芝居専用の舞台があったそうです。現在も村内に7つの舞台が残っており、春・秋の定期公演では、大磧神社と市場神社の舞台が使われています。いずれも間口六間・奥行き四間の立派な舞台で、当時わずか数十戸の集落にこれだけの舞台が造られたことから、この村の芝居熱が高かったことがうかがえます。

村を南北に走る国道152号は、古くは秋葉街道と呼ばれ、火伏せの神として名高い秋葉神社（静岡県浜松市天竜区春野町）への参詣道として人々が行き交い、山あいの村に歌舞伎などの都の文化を伝えたといわれています。

地芝居継承のために団結

大鹿村の歌舞伎は、もともと集落の神社のお祭りで上演されてきたものでした。しかし、昭和30年代頃から過疎化が進み、集落ごとにお祭りを行うことが難しくなるなかで、江戸時代から伝わる地芝居を継承させようと、当時の村長を会長とする「大鹿歌舞伎保存会」が設立されました。

昭和58年には、それまで集落ごとに行われていた歌舞伎がまとめられ、春と秋の2回の定期公演に一本化されました。

保存会が抱える課題は、活動資金の確保と後継者の育成です。昭和61年には村人からの基金などをもとに保存会を財団法人化しましたが、衣裳や大道具

定期公演では村民だけでなく、村外からも千人以上の観客が訪れ、境内は超満員となります

自然に囲まれた開放的な舞台で演じられるのも、地芝居の大きな魅力の1つです

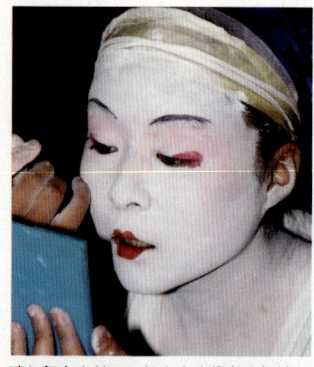

晴れ舞台を前に、紅をさす役者の気持ちも高まります

大鹿歌舞伎のおもな演目の1つ「六千両後日之文章 重忠館の段」。大鹿村だけに伝わる演目です

歴史文化を育むゆとりある地域づくり

DATA
これまでの経緯

明和4年	大鹿で地芝居が上演された（大河原村名主前島家の作方日記帳に記述）	平成4年	ドイツで公演（ボン市をはじめ6都市）
天保15年	大河原下青木の薬師堂前に間口八間・奥行三間の大舞台が造られる	平成6年	石川文化事業財団より山本有三記念郷土文化賞を受賞
昭和52年	長野県無形民俗文化財に指定される	平成8年	国選択無形民俗文化財に指定される
昭和59年	長野県芸術文化使節団としてオーストリアで公演	平成9年	文化庁伝統文化伝承総合支援事業の『大鹿歌舞伎地芝居伝承塾』を3年間継続開催
昭和61年	財団法人大鹿歌舞伎保存会が発足	平成12年	3月11日、国立劇場（大阪府）の舞台で上演
平成2年	第1回全国地芝居サミット大鹿・記念公演とシンポジウムを文化庁の支援を得て開催	平成15年	「地域づくり表彰」（国土交通省）受賞
		平成17年	「日本で最も美しい村連合」（美瑛町事務局）へ加盟
平成3年	第11回伝統文化ポーラ特賞を受賞	平成18年	長編映画「Beauty」の制作支援活動に参加、ロケの協力を行う

問い合わせ：財団法人大鹿歌舞伎保存会（大鹿村教育委員会内）〒399-3502　長野県下伊那郡大鹿村大字大河原354
TEL：0265-39-2100　FAX：0265-39-1023

毎年春の定期公演（5月3日正午～）が行われる大磧神社。その入口には、歴史を感じさせる鳥居が立っています

衣裳や小道具などを自前でそろえる大鹿歌舞伎では、その手入れも入念です

浄瑠璃弾き語りの竹本登太夫（片桐登氏）は、保存会指導者として地芝居の伝承に力を注いでいます

中学校の歌舞伎クラブ（歌舞伎班）での指導風景。1つ1つの所作の指導に熱が入ります

などを全て自前でまかなうため、その維持・修繕だけでも相当の費用が必要となっています。

後継者の確保のため、昭和50年からは村内の中学校の歌舞伎クラブ（歌舞伎班）で保存会が指導を行い、毎年秋の文化祭に上演を行っています。中学生の頃に歌舞伎を学んだ経験者が定期公演に参加するなど、最近その効果が少しずつ表れ始めています。

全国に広がるネットワーク

近年、全国の農村では地芝居が復活しつつあり、160以上の団体が活動しています。大鹿歌舞伎は、その中でもリーダー的な存在として有名で、平成2年に始まった全国地芝居サミットも大鹿村が最初の開催地となりました。

平成6年からは、古くから文化的な交流の深い三遠南信地域で「三遠南信ふるさと歌舞伎交流会」が開催されており、平成17年には大鹿村で行われました。

「これからは地域の文化を大切に育てていくことが地域再生のキーワードになる」と考える大鹿歌舞伎保存会では、積極的な情報発信や他地域との交流連携により、地域の内外を舞台として活動を続けています。

平成18年からは、農村歌舞伎を題材とした長編劇映画「Beauty」（後藤俊夫監督作品）の制作支援活動に参画し、制作資金の援助（寄付の依頼活動）、ロケの協力（エキストラ募集・出演等）を行っています。地域で支える「ふるさとシネマ」として、伊那谷に伝承されてきた農村歌舞伎の魅力や、伊那谷の自然の美しさなど地域の魅力を、映画を通して広く全国に情報発信していきます。

歴史文化を育むゆとりある地域づくり

6-4 31号：2002年秋

地球塾（三重県鳥羽市）

郷土の偉人を題材にした
ユニークな人づくり

鳥羽市企画課の山下正樹さん（左）と山本勝利さん（右）。「推進委員会の皆さんと協力して、地球塾を市民が誇りに思ってもらえるように取り組みを進めていきたいです」

世界の真珠王に学ぶ

　伊勢湾の入り口に位置し、市全域が伊勢志摩国立公園に指定されるなど、観光都市として発展してきた三重県鳥羽市で、郷土の偉人を題材にしたユニークな人材育成講座「地球塾」が開講されています。講座の教科書は、鳥羽市出身の世界の真珠王・御木本幸吉（みきもとこうきち）が残した数々の言葉（語録）です。幸吉が、国内外の政財界人を積極的に招いてもてなし、グローバル（地球的）な視点から活躍したことから、低迷する観光に新たなもてなしの心と発想をもたらし、地域を活性化させようと平成13年度からスタートしました。

　運営は、民間と行政が共同で設立した地球塾運営委員会が担当し、事務局は鳥羽市教育委員会生涯学習課に置かれています。これまで一般市民向けの連続講座「地球塾」と地元中学生を対象にした特別講座「鳥羽少年探偵団」が開講されています。

赤いハンカチの演出

　地球塾には、市内外を問わず、高校生以上のかたが塾生として参加しており、「夢・目標」「商魂・商法」「人材育成」「人生観・ユーモア」「健康法・柔軟性」をテーマにした年5回の講座が開催されます。平成19年度は10月現在で、第2回までの講座が開催されており、市街の名所旧跡を巡ったり、答志島でのフィールドワークを行ったりと活発な活動が行われています。

　地球塾での成果をもとに、実際の取り組みとして始められたのが「リメンバー赤いハンカチ作戦」です。幸吉が孫娘に「いつか海外に行くとき、船の

公開講座で開催された地球塾第1回講座のひとこま。講師の話（上）に、参加者は真剣な眼差しで聞き入っていました（下）

地球塾の教科書（右）。マンガ入りで御木本幸吉語録を解説しています。

歴史文化を育むゆとりある地域づくり

DATA

地球塾概要

目的
豊かな発想や広い視野を持った21世紀の郷土を担う人材とリーダーを育成し、地域の中核となる人材のネットワークを構築する。
塾長 木田久主一（鳥羽市長）
塾頭 目崎茂和（南山大学教授）
講師 松月清郎（真珠博物館長）
　　　　ゲスト講師（講座内容に合った講師を検討）
塾生 毎期30人程度を募集
講座のテーマ（全5回）
○実践的な教育方針（人材育成・人材登用）
○仕事に賭けた情熱（商魂・商法）
○国際人感覚の理想（夢・目標）
○機知に富んだ人間性（人生観・ユーモア）
○長寿の秘訣（健康法・柔軟性）

鳥羽少年探偵団（地球塾特別講座）概要

目的
鳥羽市に関係があり、偉大な業績を残した人物について調査や体験学習を行い、鳥羽の歴史や文化を学び、人材育成につなげる。
探偵団員 地元中学生　10人程度
これまでの活動テーマ例
○鳥羽市で青春を過ごした探偵小説家『江戸川乱歩』
○織田信長や豊臣秀吉に仕えた水軍の将『九鬼嘉隆』
○神島を舞台にした小説「潮騒」の著者『三島由紀夫』
○明治六大教育家の1人『近藤真琴』
など

問い合わせ：鳥羽市教育委員会生涯学習課　TEL：0599-25-1268　FAX：0599-25-1263　http://www.city.toba.mie.jp/

リメンバー赤いハンカチ作戦。地球塾第1回講座から生まれたアイデアです

江戸川乱歩邸を訪ね、乱歩のお孫さんから貴重な資料を見せてもらう鳥羽少年探偵団

江戸川乱歩が鳥羽造船所勤務時代に、付近の禅寺で座禅を組んだことから、座禅の追体験をする鳥羽少年探偵団

江戸川乱歩の「少年探偵団」にちなんで結成された鳥羽少年探偵団。第1期は地元中学生6人が乱歩の業績を調査・探究しました

歴史文化を育むゆとりある地域づくり

上から赤いハンカチを振ろう」と約束し10年後に実行して皆を驚かせた逸話をモチーフに、鳥羽市から大型客船が出港するとき、塾生や関係者が赤いハンカチを振って観光客を見送ります。乗客にも赤いハンカチがプレゼントされ、互いにハンカチを振り合う様子は、鳥羽市ならではの新しい旅の風景になっています。

乱歩の足跡をたどる

鳥羽少年探偵団は、鳥羽市ゆかりの偉人について調査・体験学習を行い、郷土の文化や歴史について学ぶ地球塾の特別講座です。第1期鳥羽少年探偵団では、鳥羽で青春の一時期を過ごした江戸川乱歩をテーマに、地元中学生6人が、下宿跡や乱歩が座禅を組んだ寺などをたどりながら乱歩の業績を、調査・探究しました。東京都豊島区にある乱歩邸を訪れ、蔵書を収めた土蔵などを調査したときは、その様子が鳥羽市に衛星中継され、会場の人達と興奮を共有する試みも行われました。現在、第7期がスタートしており、地元中学生9人が、保険事業の生みの親、門野幾之進をテーマに活動を展開しています。

地球塾や鳥羽少年探偵団の活躍によって、市民が鳥羽市の歴史や文化を再発見するようになっており、まちづくりの新しい芽も育ちつつあります。

今後は、塾生や団員の活躍の場を広げながら、鳥羽市のまちづくりをさらに大きくするのが目標です。

6-5 30号：2002年夏

あいの会「松坂」（三重県松阪市）

郷土文化の掘り起こしと活用が合言葉

「『ものずきの集まり』と呼んでいますが、人に恵まれたのが一番のポイントです」あいの会「松坂」の田畑美穂さん

こだわりの名前

　三重県松阪市は、古くから参宮街道、和歌山街道が合流する宿場町として栄え、伊勢商人・松阪商人を輩出してきた商業の町です。地域には、数多くの文化遺産があり、そうした郷土文化の掘り起こし・活用を通じて地域の活性化を目指そうと結成されたのが「あいの会『松坂』」です。「あい」は、会のイメージカラーである松阪木綿の藍染めの「あい」、出合いの「あい」、郷土愛の「あい」から名付けられたもの。また、土偏の坂を用いて、カギ括弧で「松坂」を強調するのも、メンバーの地域の歴史への思い入れを示しています。

　設立は昭和56年。当時松阪市立歴史民俗資料館長だった田畑美穂さんを中心に、地元青年会議所OB、市民有志らが集まって結成しました。平成14年現在、会員は約40人。毎月1回、例会が開かれるほか、郷土文化・歴史の学習・体験会、他地域との交流活動などさまざまな取り組みを行っています。

手織り木綿の復興と伝承を通じて

　「あいの会『松坂』」が最も力を入れているのが、松阪手織り木綿の復興・伝承です。松阪手織り木綿は、藍染めに縞柄を特徴とし、粋なデザインと、庶民向けの値段、着心地のよさが受けて、江戸時代に大いに人気を得ました。明治以降、市場から姿を消していましたが、地元の主婦グループと協力して、伝統の技を復興。昭和59年には、「松阪もめん手織りセンター」を設立し、技術の普及・伝承に取り組んでいます。ここでは、主婦グループなどが作成した手織り木綿グッズを購入できるだけでなく、インストラクターの指導のもと、実際

あいの会「松坂」と地元主婦グループによって復興・伝承されている松阪手織り木綿。松阪もめん手織りセンターでは、手織り木綿づくりを見学できるだけでなく、実際に体験して、自分の布を持ち帰ることができます

松阪の街並み。今なお、歴史の息吹を感じさせてくれます

松阪もめん手織りセンター。店内（右）には、主婦グループが作成した手織り木綿グッズなどが並べられています

歴史文化を育むゆとりある地域づくり

DATA

松阪木綿

松阪市は、5世紀頃、大陸から渡来した漢織（あやはとり）、呉織（くれはとり）が定住するなど、古くから紡績の中心地でした。現在も、伊勢神宮に納める麻と絹を織る「機殿（はたどの）」があり、多くの人の信仰を集めています。

松阪木綿は、安南（今のベトナム）から渡ってきた「柳条布」をもとに、松阪に受け継がれてきた技術と、松阪の女性の高い美意識によって織り出されたと言われています。洗うほどに深みを増す藍の青さと縞模様が大きな魅力で、松阪商人によって売り出された松阪木綿は、粋好みの江戸っ子たちに大いに受け入れられました。

旧三井家跡にある「松阪もめん手織りセンター」には、手織り木綿の普及と伝承を続ける女性グループの工房があるほか、松阪木綿グッズの購入や、手織り木綿づくりの体験などをすることができます。

●松阪もめん手織りセンター　〒515-0082　三重県松阪市魚町1658-3
TEL/FAX　0598-26-6355　　営業時間：10時〜18時（12月〜2月は、17時30分まで）　定休日：木曜日

問い合わせ：あいの会「松坂」TEL&FAX：0598-26-6355

交流活動も積極的に展開。和歌山街道（現在の国道166号）沿いの地域づくり団体との定例会（上）と、「全国の伊勢屋さん・松坂（阪）屋さん大集合」（下）のひとこま

に自分の手で機織機を動かして、布を織ることができます。「まちづくり活動を長く続けていくためには、収益の上がる仕事を行っていくことも大切」と田畑さんが話すように、会の運営を支える経済的な基盤にもなっています。

3つの不文律

手織り木綿以外にも、地元出身の国文学者・本居宣長をテーマにした勉強会「宣長夜学」や、お座敷芸を伝承する「長寿国予備校」、歴史街道と郷土文化の再発見をテーマにしたカメラクラブ「マイアングル」などさまざまな活動を展開しています。「21世紀に宣長をよみがえらせる電子データ制作の会」では、本居宣長に関するホームページやCD-ROMの制作も行っています。

また、松阪を発祥とする全国の「伊勢屋」さんと「松坂（阪）屋」さんを集めた「全国の伊勢屋さん・松坂（阪）屋さん大集合」や、国道166号、かつての和歌山街道沿線で活躍する地域づくり団体との定期的な交流など、他地域との交流も積極的に行っています。

様々な取り組みを進めている「あいの会『松坂』」ですが、最近ではそれぞれの取り組みにファンが定着するようになり、活動の手ごたえを感じています。

「行政をいじめない」「行政に金をせびらない」「行政のできないことをカバーする」が、会の不文律になっています。「あいの会」では、三重県が進めている「生活創造圏プロジェクト」と協働して、積極的に様々な提案を行ってきました。今後も、行政との適切な「相乗り」関係を維持しながら、会の活動を積極的に継続していく予定です。

歴史文化を育むゆとりある地域づくり

6-6 25号：2000年秋

生活と芸術をテーマにしたまちづくり（愛知県一色町佐久島）

島の風土と生活に根ざした生活と芸術をテーマにした島おこし

「知名度の低かったまちが、この事業によって輝きを見せるようになっています。今後は、佐久島の活性化を通じて一色町全体が発展していけばと考えています」一色町総務部企画課山崎隆文さん

歴史文化を育むゆとりある地域づくり

アートを取り入れた活性化プロジェクト

　佐久島は、愛知県幡豆郡一色町の海上約5km、三河湾のほぼ中央に浮かぶ自然豊かな島です。かつては海運で栄え、昭和40年代には、風光明媚な景色と海の幸を売り物にした観光地としても栄えましたが、時代の変化の中で取り残され、過疎と高齢化の島になってしまいました。この島の特徴ある家並みが、近年注目を浴びるようになっています。路地に入ると、コールタールで塗られた黒い板囲いが続く、風情ある風景が特徴的で、「三河湾の黒真珠」と呼ばれています。

　平成7年、当時の国土庁により行なわれた佐久島の資源価値調査の結果、島おこしの方向性が、「島の景観と独自の民俗文化を生かしながら、アートを取り入れて芸術性豊かな美しい島にしていくこと」に決められました。これを受けて、全島民が会員である「島を美しくつくる会」が立ち上げられました。そして、アートフェスティバルなどを中心としたイベントによる情報発信を行い、交流の場を提供しようとする取り組みが進められました。

試行錯誤からの方向転換

　アートをテーマにした取り組みはマスコミ等に取り上げられ、話題になりましたが、島とは縁がなかったアートをどう受け入れるかについての合意形成が不十分であり、島民からの反発も生じてしまいました。そこで、あらためて島を活性化する方向性を模索する中で、外部に依存するのではなく、島民の自主性と創意による「地域とアートの協働（コラボレーション）」による取り組みへとシフトしました。

　平成13年度からは、「祭りとアートに出会う島」をテーマとした「三河・佐久島アートプラン21」がはじ

佐久島の全景。一色町渡船場から高速船で約25分

大葉邸／平田五郎

島の名物料理として開発されたタコの冷シャブ

おひるねハウス／南川祐輝

92

DATA

三河・佐久島アートプラン21

「佐久島体験2007祭りとアートに出会う島」
酒井美圭　花咲く島の花々展覧　6月12日〜9月2日
猫野ぺすか展　7月7日〜9月2日
松岡徹・祭り舟展　7月24日〜8月15日
平田五郎展　9月8日〜12月2日
青木野枝展　3月1日〜3月30日（2008年）
提灯行列＆伊勢音頭と祭り舟引き　8月15日
インターネット・ホームページによる情報発信
http://www.japan-net.ne.jp/~benten/

問い合わせ：愛知県一色町・島を美しくつくる会事務局　〒444-0492　愛知県幡豆郡一色町大字一色字伊那跨61番地
TEL：0563-72-9607　FAX：0563-72-8508　E-mail：saku-is@town.isshiki.lg.jp

歴史文化を育むゆとりある地域づくり

祭り船／松岡徹

ボランティアによる黒壁運動

大葉邸ワークショップ

■ワンポイント「貝紫染（かいむらさきぞめ）」

約3600年前のフェニキアで盛んに行われ、その後、古代エジプトやローマ帝国にも受け継がれた古代の染色法。権威の象徴として帝王紫と称せられ、シーザーやクレオパトラにも愛用されたが、15世紀には歴史から姿を消した。
佐久島では、それを再現したものを弁天サロンで体験することができる。ハンカチなどを紫色に染めることができ、希望日の一週間前までに予約をしておくと、島の漁師さんが材料になる貝を採りにいってくれる。染めたハンカチはお土産として持ちかえることができる。

貝紫染の体験教室の模様

問合先／弁天サロン：（0563）78-2001-2001

まりました。主な事業内容は、若手作家を起用した展覧会を軸として年2、3回開催するものです。これに関連させ、小中学校の子どもをはじめ島の人々との交流を深めるためのワークショップや芸大生の提案によるボランティアプロジェクトなどで構成しています。

島の将来を見据えて

アートと地域の協働は、黒い板壁家並みや自然、伝統的な祭りなどの、島の個性を作品のテーマとすることにより、地域資源の再評価につながっています。また、島という特異なフィールドはアーティストの創作意欲を高め、周囲の海や海岸線、家並みや路地といった島独特の景観に馴染んだアート作品が年々増えています。島民の活動は、目標ごとに4つの分科会により行われ、黒壁の続く家並みの修復や雑木林の保全による里山景観の復元を行う「ひと里分科会」。島で取れる旬の食材を使った名物料理を研究・発表する「美食分科会」。「幻の帝王紫」といわれる貝紫染体験教室の開催や、日本三大珍味の一つ「コノワタ」で風味を付けた干物や串アサリの一夜干しなどを試作している「漁師分科会」。文化交流の拠点となっている弁天サロンに民俗や風習をテーマとした島民展を開催する「いにしえ分科会」がそれぞれ活動しています。これらの取り組みにより、観光客の入込客数も確実に増加傾向にあり、島への新たな定住者も増えつつあるなど、協働がもたらした意識の変化は、島の活性化につながっています。

これからは「癒し・芸術・気づき・生活・学び」といった5つの「場」づくりを進めながら、文化的な観光地の形成を目指していきます。

松尾芭蕉を核にしたまちづくり（三重県伊賀市（旧上野市））

「芭蕉翁生誕の地」という地域資源を活かし、国際交流と文化づくりを目指した地域づくり

松尾芭蕉生誕の地　伊賀市

　三重県伊賀市は、平成16年11月1日に上野市・伊賀町・島ヶ原村・阿山町・大山田村・青山町の6市町村が合併し発足しました。三重県の北西部に位置し、京都・奈良と伊勢を結ぶ大和街道・伊賀街道・初瀬街道を有するこの地域は、古来より奈良、京都などの都に隣接する地域、また交通の要衝として伊勢神宮への参拝者などの宿場町、江戸時代には藤堂家の城下町等として栄えてきました。このような地理的・歴史的背景から、京・大和文化の影響を強く受けながらも独自の文化を醸成し、伊賀流忍者などの様々な歴史文化の香る地域となっています。とりわけ奥の細道を著した俳聖松尾芭蕉の生誕地として、平成6年の芭蕉翁生誕350周年を期に、国内・世界に開かれた、芭蕉を核にしたまちづくりを推進しています。

　旧上野市では、平成9年にシェークスピアのふるさととして有名なイギリスのストラットフォード・アポン・エイボン町の行政官が来日したことを契機に、相互の国際交流を開始しました。平成10年以降、エイボン町で開催されたシェークスピア誕生祭に市関係者らが招待を受け、また、芭蕉の命日である10月12日に上野公園内の俳聖殿を中心に催される芭蕉祭には、エイボン町長夫妻を招待しています。

芭蕉をキーワードにした地域づくりと人づくり

　平成16年には、芭蕉の生誕360年を記念して「生誕360年　芭蕉さんがゆく　秘蔵のくに　伊賀の蔵びらき」事業が官民一体で構成された「2004伊賀びと委員会」を中心に実施されました。190日の開催期間中には、179の事業、290のイベント・催事を行い、伊賀地域内外から約

芭蕉祭のメイン会場になる俳聖殿には多くの人が集まります

第53回芭蕉祭であいさつするエイボン町長

俳聖殿にある芭蕉翁座像

松尾芭蕉とともに伊賀市の歴史と文化を語る上野城

DATA

◆活動の経緯◆

平成12年	シェークスピア誕生祭に旧上野市が招待される
平成13年	シェークスピア誕生祭に旧上野市が招待される
平成14年	第56回芭蕉祭にエイボン町長夫妻を招待する
平成16年	「生誕360年　芭蕉さんがゆく　秘蔵のくに　伊賀の蔵びらき」事業　伊賀市発足
平成17年	芭蕉祭としぐれ忌の献詠俳句募集を一本化、名称を「芭蕉翁献詠俳句」に変更

問い合わせ：伊賀市企画振興部文化国際課　〒518-8501　三重県伊賀市上野丸之内116
　　　　　　TEL：0595-22-9624　FAX：0595-22-9628

芭蕉祭り市民合唱団

「奥の細道」紀行300年を契機に41市町村及び関連団体が参加するサミットを開催

16万7千人の参加者を迎えました。また、芭蕉翁記念館などの芭蕉関連3施設の入込客数は、対前年比で48％増の総計43,462人もありました。事業のメインイベントとしては、「芭蕉生誕360年　世界俳諧フュージョン2004」が10月10日・11日に開催され、海外の連句詩人を迎えた国際連句会や日本文学研究家のドナルド・キーン氏の講演が行われました。また、全国から集まった多くの俳句愛好家たちが著名俳人とめぐる「伊賀上野みちづれ吟行」、俳諧シンポジウム、詩人の谷川俊太郎氏らによる俳諧パフォーマンスなど多彩な事業が催され、芭蕉の生誕地としての伊賀の魅力を全国、そして世界に向けて発信しました。この事業は計画段階から住民と行政の協働で展開され、地域の魅力の再発見・再認識につながるとともに、住民の間に自主的なまちづくり意識が芽生え、特色あるまちづくりの礎になりました。これを機に、地域の住民・団体・NPOなどが主体となり、それぞれの個性と役割に応じた個性豊かな地域づくりが定着しています。

芭蕉を軸にした俳句振興の取り組み

芭蕉祭では、毎年、芭蕉翁の遺徳を偲び、「芭蕉翁献詠俳句」を募集しています。国内外を問わず、遠くはブラジルなど海外からも投句があり、平成19年の芭蕉翁献詠俳句には、一般の部では11,828句、テーマの部では1,864句、児童・生徒の部では26,822句の投句がありました。また、芭蕉翁献詠英語俳句は、20カ国から741句の投句があり、投句数も国の数も年々拡がっています。

今後も、芭蕉とシェークスピアが取り持った両市町の国際交流により、世界の人々が、俳句（HAIKU）を通じて芭蕉（BASHO）を理解することにつながり、芭蕉生誕の地として全世界へ発信されることが更に期待されます。

歴史文化を育むゆとりある地域づくり

その他の事例

6-8 24号：2000年夏

一八会（三重県多気町）
文化財を地域づくりの中心に据えた誇りの持てるふる里づくり

多気町は、かつて伊勢神宮参詣の街道筋の宿場町として栄えたまちで、近長谷寺には、国指定重要文化財である十一面観音が安置されています。この観音様を中心に地域づくりを行い、その価値を伝えているのが長谷地区の「一八会」です。近長谷寺を訪れる人に楽しんでもらおうと行っている除夜の鐘のイベントには、毎年300～500名が訪れます。また、平成10年から車田づくりを始め、4月に住民が行う御田植祭は、春の観光イベントとしても定着しつつあり、収穫された稲束は伊勢神宮に奉納されています。平成22年頃に広域農道が完成する予定であり、長谷地区も何かと変化していくことになりますが、これからも日本の原風景を守り、ゆったりとした気持ちになれる場所であり続けたいと考えています。

賑やかに、華やかに、そして楽しく行われる車田の田植え

問い合わせ：一八会
〒519-2176　三重県多気郡多気町長谷77
TEL&FAX　0598-37-2359
http://www.ma.mctv.ne.jp/~jr2uat/18/18.htm

6-9 13号：1997年秋

江戸時代を楽しむまちづくり（長野県飯島町）
町の史跡を大切に町民みんなで楽しむ現代風江戸文化

江戸時代、飯島町には代官役所「飯島陣屋」があり、平成2年に史実に忠実な形で復元、平成6年に開館しました。飯島陣屋の再生とともに、住民有志による「飯島陣屋友の会」が結成され、陣屋のガイドや清掃などを行っています。また、陣屋にちなみ、毎年開催される「お陣屋行燈市」では、飯島駅前の商店街に大中小の手づくり行燈と露天が立ち並ぶ、幻想と活気にあふれた蚤の市が行われ、商店街は一風変わった江戸ムードとなります。今後も、史実に基づいた行事を考え、楽しむことで、ふるさとの歴史を体感できる仕掛けを工夫していきます。

お陣屋行燈市での花魁道中

問い合わせ：飯島町　産業振興課・商工観光課
〒399-3797　長野県上伊那郡飯島町飯島2537
TEL　0265-86-3111　　FAX　0265-86-4395

6-10 11号：1997年春

城下町ホットいわむら（岐阜県恵那市（旧岩村町））
緑と歴史・文化の香り高い温故知新のまち

岩村町（現恵那市）には、岩村城にまつわる女城主の悲話が伝わっており、「女城主の里」として女性を前面に打ち出したまちづくりを展開してきました。平成16年の合併を機に、このまちづくりを引き継ぐ形で地域づくりを行っています。平成18年には岩村城が日本100名城に選ばれ、記念事業の開催などでますます盛り上がっています。平成10年に岩村町本通り地区が重要伝統的建造物群保存地区に選定され、町並み景観の保存や伝統的文化の伝承にも力を入れています。商店街のおかみさん数人が始めた、店に雛人形を飾る取り組みは、現在では約70軒の参加があり、町並みの演出に一役買っています。

女城主の里事業のモニュメント的意味合いを持つ太鼓櫓

問い合わせ：岐阜県恵那市　岩村振興事務所振興課
〒509-7592　岐阜県恵那市岩村町545-1
TEL　0573-43-2111　　FAX　0573-43-0159

あとがき

　私たちは、この本の編集にあたり、かつて掲載した記事を見直す中で、地域が置かれている環境の変化に、あらためて考えさせられました。
　この十数年の間における様々な社会経済状況の変化や市町村合併により、地域のあり方も大きく変わり、住民たちを主体とした取り組みもその対応を余儀なくされています。活動を担う団体においても、関係者達の高齢化や、継続的な資金調達における困難など、様々な課題が生じていることも少なくありません。

　しかし、そういった中で、この本に掲載した事例をみると、様々な環境の変化を、創意工夫や行動力によって乗り越え、当初の取り組みをさらに活性化させた、住民たちの力強さを感じることができます。社会情勢の変化によって、新たな地域づくり活動のきっかけが生まれている事例もあります。

　地域づくりは、地域に愛着と誇りを抱く人々が主体となります。日本中のどんな地域でも、そしてどんな人も、その担い手となる可能性を持っています。この本を読んだあなたは、そのための第一歩を踏み出したといえます。

　私たちは、今後、この本に掲載された取り組みがどうなっていくか、また、様々な地域において、どのような新たな取り組みが生まれていくか楽しみにしています。そして、機会がありましたら、再び、今以上に輝いている地域づくりの取り組みを皆様にお届けしたいと思います。

編集者一同

地域づくりで
観・感・学・楽

2008年2月17日　第1版第1刷発行

監　　修　国土交通省中部地方整備局 東海幹線道路調査事務所
編集協力　株式会社 創建
発 行 者　松林久行
発　　行　株式会社 大成出版社
　　　　　〒156-0042　東京都世田谷区羽根木1-7-11
　　　　　TEL.03-3321-4131(代)
　　　　　http://www.taisei-shuppan.co.jp/

©2008 国土交通省中部地方整備局 東海幹線道路調査事務所　　印刷　亜細亜印刷

ISBN978-4-8028-9396-1